内 容 简 介

全书分为“未病先防、健康管理”和“蜂病的绿色治疗”两大部分，前一部分为蜜蜂预防医学，后面部分涉及蜜蜂疾病临床治疗学。

主要介绍了建立蜜蜂预防医学，改变轻视预防的倾向，树立积极地预防蜂病新理念、新思路，以预防为主“治未病”，加强蜜蜂健康管理和研究，提高蜜蜂健康水平，把重视繁殖与延长蜜蜂寿命结合起来，建立绿色蜂保体系等内容。

在蜜蜂疾病的绿色治疗篇章中，重点叙述了生物防治蜂病的种类和内容，其中特别介绍和推荐了上百种中草药防治蜂病的配方及其调制、使用方法和应用效果，增加了蜂病防治方法和途径的选择性，以及养蜂者临床应用的可操作性。

共有中草药配方 80 多种（不含单方），用于蜜蜂囊状幼虫病、蜜蜂麻痹病、美洲幼虫腐臭病、欧洲幼虫腐臭病、蜜蜂孢子虫病、蜜蜂白垩病、“爬蜂病”综合征以及蜂螨等主要疾病的治疗，构成了蜜蜂疾病绿色防治的核心内容，同时对生物防治蜂病进行了阐述。以期促进我国蜂业绿色发展，进一步巩固和提升蜂业低碳水平。

蜜蜂疾病绿色防治技术

MIFENG JIBING
LUSE FANGZHI JISHU

李位三　编著

中国农业出版社

图书在版编目（CIP）数据

蜜蜂疾病绿色防治技术/李位三编著.—北京：中国农业出版社，2017.12（2018.7重印）

ISBN 978-7-109-23479-6

Ⅰ.①蜜…　Ⅱ.①李…　Ⅲ.①蜜蜂饲养—病虫害防治　Ⅳ.①S895

中国版本图书馆CIP数据核字（2017）第264568号

中国农业出版社出版

（北京市朝阳区麦子店街18号楼）

（邮政编码100125）

责任编辑　郭永立

中国农业出版社印刷厂印刷　　新华书店北京发行所发行

2018年1月第1版　　2018年7月北京第2次印刷

开本：880mm×1230mm 1/32　　印张：6.125

字数：157千字

定价：19.80元

本书有关用药的声明

养蜂业临床用药受很多因素的影响，治疗方法及用药也必须根据实际情况进行相应的调整。建议读者在使用每一种药物之前，先进行小群试验，根据经验和对实际情况的了解决定药物用量、用药方法、所需用药的时间及禁忌等，并遵守用药安全注意事项。出版社和作者对动物治疗中所发生的损失和损害，不承担任何责任。

中国农业出版社

前　言

养蜂业是大农业的组成部分，是生产人类所需营养佳品、为农作物授粉提高单位面积产量的重要产业，也是服务“三农”，农民脱贫致富的低成本高效益的生产部门。蜂业依赖农业又反哺农业，成为与发展现代农业密不可分的重要生态链中的一环。中共十八大以来，把发展生态农业、绿色农业、循环农业作为重要任务。2015 年又提出创新、协调、绿色、开放、共享的五大发展理念，成为治国富民之策。

作为大农业的一部分，我国蜂业也面临着绿色发展的挑战，与种植业、其他养殖业相比，养蜂业基本属于低碳产业。尽管是低能耗、低排放、低污染的低碳生产，但要达到完全低碳还有一定差距，主要的影响因素来自两个方面：一是大环境存在污染问题，蜜蜂生存的自然环境存在污染因素，国家采取多种举措改善生态环境，但还没有得到全面彻底改善；二是来自蜂业本身，防治蜂病过程不科学用药，有的使用禁用蜂药，直接影响蜜蜂的健康和绿色蜂产品的生产。

纵观我国蜂业生产史，曾发生过“造假蜜事件”、重金属严重污染和药物残留超标事件等。特别是 2002 年 1 月，欧盟检出我国出口蜂蜜内氯霉素残留量超标，对我国蜂蜜贸易进行制裁，使我国蜂蜜出口跌入低谷。后经全国蜂业界和主管部门的共同努力，全面采取应对措施，蜂蜜质量迅速提高，破除了欧盟设置的绿色壁垒，到 2004 年恢复了我国蜂蜜的正常国际贸易。这次蜂蜜污染引发的贸易制裁，使蜂业企业和蜂农经济遭受重大损失，应该吸取教训，引以为戒，重视蜂产品质量问题。

国家严禁使用污染严重的一些药物（化学药剂、抗生素等），使蜂药种类减少，相应地对蜂药使用的选择性范围较小，致使养蜂者防治蜂病操作难度增大，“有巧妇难做无米之炊”之感。长期以来一些蜂农把抗生素当作“万能药”，把化学药物视为“必备药”，对其有很大的依赖性，而对推广使用新药感到“不适应”，对应用中药物及其他生物防治措施不信任，甚至有的人认为中草药“治不了病”，导致推广速度较为缓慢。

推动蜂业绿色发展，走绿色防治蜂病之路，是历史发展的必然。采取以中草药为主，结合生物防治、物理防治措施，以取代化学制剂和抗生素防治蜂病，具有很大的特点和优势，不仅取材方便、经济实惠，更重要的是疗效明显、药效持久，而且不易产生抗药性和产生“药残”及“药害”。

要改变过去对化学制剂、抗生素防治蜂病的依赖性，就要加强蜂群健康管理，养强群、“富养蜂”，以提高蜜蜂体质，增强抵抗能力和抗逆能力，延长蜜蜂寿命和利用时间。以预防为主，未病先防，才能使蜜蜂少生病或不生病、少用药或不用药，减少污染。

本书重点介绍了生物防治蜂病的方法，其中最突出和内容最多的部分是用中草药防治蜂病，体现出中草药防治蜂病的优势和特点。在“蜂病绿色防治篇”中，大篇幅地推荐了中草药防治蜂病的配方（不包括单方，中医称单行）80多种，配方用中草药种类达88味、矿物质中药3味，其他药物和中成药21味，总计132味药，用于防治15种主要蜂病（包括巢虫和蜜蜂中毒的防治），其中主体是对蜜蜂传染性疾病的防治。

为了很好地推广使用中草药，除了介绍科学配方外，还介绍了中草药调制方法、每味药的药理功能以及中草药剂型、用量和喂法。

同时，还介绍了“以虫（昆虫）治病”“以菌治病”“植物产品和次产品治病治螨”和“用蜜蜂种间、个体间不同生物学特性防治蜂螨”等生物防治内容。本书内容具体实用，所介绍方法简单、易操作，可供广大养蜂者及养蜂科研与教学人员参考使用。

李位三

目 录

第一篇

未病先防　健康管理

“未病先防，治未病”，就是说未病时做好预防工作，防止疾病的发生。在管理中及时主动地顺应自然规律，突出增强体质，提高抗病能力，达到延年增寿的目的，这是我国中医学中预防医学重要的观点和理论之一。这一理论应用于防控蜂病也是十分适宜的，要践行预防医学理论，服务于蜂业的健康发展和绿色发展。

“未病先防”是蜂业健康管理中的关键部分。在现代养蜂业中，必须树立绿色发展的新理念，从整体上保持和提升我国蜂业的低碳水平，使其成为完整的低碳产业，让消费者能享受绿色蜂产品。

“未病先防，健康管理”必须以预防为主、防治结合，重在预防，把预防摆在养蜂工作的首位，要改变长期以来预防观念淡薄，忽视蜂群健康管理，导致蜜蜂发病多，发病后频繁进行药物治疗的状况。平日要加强科学管理，采取多种举措，防病于未然。

“未病先防，健康管理”，必须深化措施即以促进蜜蜂繁殖为主，把蜜蜂繁殖与延长蜜蜂寿命两者密切结合起来，不能只重视繁殖，而忽视培养强群。延长蜜蜂生命，也就延长了蜜蜂利用时间。“蜜蜂繁殖＋延长寿命”，是培养和维持强群必需的。

“未病先防，健康管理”，必须做到防止外源污染，杜绝和严控内源污染。要严禁使用可能造成污染、产生药害的化学制品和抗生素，采用生物制品和无污染的药物（如中草药等）防治蜂病。

要做到“未病先防，健康管理”，必须变被动为主动，即加强蜜蜂健康管理的研究和探讨。重点研究内容包括：改善蜜蜂生态环境，探索为蜜蜂提供优良生态环境和良好生存繁衍条件的有效措施，保证营养、提高蜜蜂体质和抗病能力的途径，不依赖药物防病保健使蜜蜂不生病少生病的积极办法，建立和完善绿色蜂保体系等。

第一章　树立新理念　推动蜂业绿色发展

第一节　蜂业绿色发展概述

一、绿色蜂产品

养蜂业为特殊的养殖业，它利用蜜蜂这种群居经济昆虫的生命活动（维持生存和繁衍后代）从大自然中采集食物（植物产生的花蜜和花粉），经过蜜蜂本能的酿制，形成贡献给人类的天然营养品。

在蜜蜂酿制蜂蜜等蜂产品的过程中，它不仅仅是大自然的搬运工，更重要的是通过蜜蜂集体“加工”，即生理功能的作用，可进行无任何污染的洁净生产，这是人们利用其他任何动物的生产活动都不能比拟的。我们称蜂业为绿色产业就是它无污染、无废物排放，可生产绿色营养品；同时蜜蜂为农作物授粉促进增产，维持了生态平衡，是可持续生产的产业，这种绿色生产符合时代的要求，是农业生产的方向，是21世纪绿色食品兴起的需要。

绿色象征着活力、生命、健康，绿色食品即无污染，优质、卫生、安全、营养丰富全面的食品。养蜂生产所获得的绿色蜂产品原料，具体地说要求生产环境无污染，生产过程符合绿色生产的技术规范，不施加任何化学制剂，蜂产品的储存、包装、运输过程中不添加防腐剂等外来物质，质量符合绿色产品的标准，并经过专门机构认定。它不像任何农业产品（粮、油、肉类、蛋、奶等）需要加工才能食用，是不需加工（如蜂蜜、蜂王浆、蜂花粉等）保持自然状态的天然产品。

所谓保持自然状态的蜂产品即保持产品原生态的天然本色，保持原始的成分，不增加、不减少任何成分的绿色产品。现代养蜂生产的关键在于保住天然绿色底线，也就是保持自然地生产、低能耗生产、无污染生产。

从广义上讲，绿色蜂产品还包括蜜蜂为农作物授粉、有效地增加的农作物产量（粮食、油类、水果、蔬菜、棉纤维等），亦称为“蜜蜂产品”。蜜蜂授粉是无污染的农作物增产技术，为绿色的生物增产措施。从这个意义上来说，养蜂业的绿色产品应该是：“蜂产品＋蜜蜂授粉增产”的产品。

二、蜂业绿色发展的内涵

基于上述论述，蜂业绿色发展基本内涵应涵盖四个方面的内容：第一是生态。保持和维护良好的生态环境，在这个自然状态下，蜜蜂从事生命活动、进行生息繁衍，使生命得以延续，其他动植物也受益。第二，养蜂生产获得的蜂产品可保持优质、纯净、安全、营养的特点。第三是蜂业绿色发展，要加强外源污染和内源污染的控制管理，有效地防止药害（农药和蜂药）。第四，要全面地推行蜜蜂为农作物授粉增产技术，相应减少农药、化肥的使用量，逐步做到农药用量的零增长，这是蜂业对解决粮食安全问题的最大贡献。

三、树立蜂业绿色发展新理念

按照创新、绿色等五大发展理念的要求，审视我国的蜂业状况，需改变一些做法和不利于蜜蜂健康的习惯，加强健康管理，采取绿色措施防治蜂病，以促进蜂业健康发展。其中突出的是改变主要依赖药物保护蜜蜂健康为“未病先防”，树立以善待蜜蜂、增进营养为本，结合药物治疗保健康的理念。针对目前实际状况，提出如下四个方面的改变以资探讨。

（一）改变重索取、轻投入的做法

为了取得高经济收入，养蜂生产者常常热衷于取蜜，取稀蜜、多取少留或不留饲料蜜；生产蜂王浆时间过长，中部地区长达9～10个月，谈不上善待蜜蜂，足食繁殖，让蜂群“轮流休整”的富养蜂。殊不知，人对蜜蜂索取多、投入少，使蜜蜂营养不足，导致其抵抗力降低、易生病，不能保持强群生产，多处于弱群状态，长久来说，经济收入是不划算的。

（二）改变重繁殖、轻增健延寿的做法

我国养蜂者常常把注意力和工作重点放在如何使蜂王多产卵、蜂群繁殖发展快，这是对的。过去蜂王使用年限是两年，以后变为一年换一次王，现在不少养蜂者采取一年换两次王，一个新王的利用期仅半年。这种做法值得商榷，一方面不经济，另一方面增加工作量，辛苦培育出来的新王刚刚进入高产期，就被淘汰是一种浪费。试验证明，一般蜂王产卵力两年后才下降。

重繁殖而忽视蜜蜂的健康管理，具体来说，没有重视或是轻视蜜蜂的增健延寿问题。要知道，养强群必须具备两个条件：一是蜜蜂个体增殖快，二是老蜂健康、寿命延长。新蜂繁殖快、老蜂寿命长，会使个体积累多、群势强。有经验的养蜂者都很重视这两个方面，在管理上把两者结合起来。

（三）改变重治疗、轻预防的做法

我国养蜂者为养好蜂，对药物依赖性很大。特别是过去把化学药物和抗生素当作保蜂的“必备药”。2002 年作者进行用药调查，安徽省蜂农防治蜂病用药种类达 34 种以上，而化学药物和抗生素用量竟达 50％～60％，有的地区达到 80％左右，很少用中草药。预防用药、有病用药、用药量很大和滥用药造成了严重的内源污染和药害。

要养强群和保持强群，平时必须注重蜜蜂的健康管理，防止病菌入侵和蔓延。一个强群绝不是频繁用药能培育出来的，用药过多过频，既杀伤病原菌同时也杀伤了蜜蜂体内有益菌落，破坏了蜜蜂自身的防御体系，使病原菌易于入侵作乱。

（四）改变重西药、轻中药的做法

在防治蜂病用药选择上许多养蜂者喜欢用西药，较少用中药，可能是因为西药使用方便、见效快，对中药药效有怀疑等。但是化学药剂易污染蜂产品、蜂体以及环境，导致蜂蜜药残超标，成为蜂业绿色发展的障碍。

中草药是解决蜂病防控中产生“药残”的有效途径之一，是具有中国特色的防治蜂病的新措施。中草药防治细菌性疾病的效果不亚于一些化学药物，对于防治蜜蜂真菌性疾病和病毒性疾病的效果远远超过化学药物（胡光明，2005)。作者试验证明，中草药虽见效慢些（不完全如此），但药效较持久，不易产生“药残”和“药害”；并且随着中草药加工技术日益提升和完善，实行“中药西制”，把中草药制成片剂、粉剂、颗粒剂等剂型，可以像西药一样便于携带、便于保存、便于使用。

向植物要蜂药，取代一些化学药剂和抗生素，是保障蜂业绿色发展的必然趋势。防治蜂病的注意力，要从化学药物和抗生素转移到注意预防、加强健康管理和以中药为主的生物防治上来，这是我国蜂业绿色发展、生态为先防治蜂病的方向。

基于以上理念，按照创新、绿色等发展要求，在蜜蜂疾病的防治上，可以探索蜂病预防新途径，深化蜜蜂健康的研究。对蜜蜂疾病的预防，不仅仅限于消毒、隔离、清洁管理等传统方法，应贯彻深层次的防病措施。①必须树立现代养蜂发展的新理念，贯彻“未病先防”、以防为主、治疗为辅的方针，改变轻视预防，发病后频繁用药、乱用药物治疗的倾向；②平时加强蜜蜂健康管理，防病于未然，就必须从基础工作做起，即采取积极的措施，管控外源污染，防止和杜绝内源污染，从整体上保持和提升我国蜂业的低碳绿色水平；③要善待蜜蜂，改变掠夺性生产方式，实行足食养蜂和健康养蜂；④把蜜蜂繁殖与蜜蜂保健延寿措施紧密结合起来，养强群，改变过去只重视繁殖而忽视健蜂延寿的做法；⑤加强蜜蜂健康和蜜蜂营养学的研究，研究我国蜜蜂多病的深层根源，有针对性地改善蜜蜂的生存和繁殖条件，提高蜂群的抗病能力和健康水平；⑥建立农业、林业和蜂业共赢机制和地空生态体系，使绿色植保和绿色蜂保相结合，有效地防止污染、预防疾病，以生物防治蜂病为重点，探索防治蜂病新途径、使蜜蜂健康保持强群，少生病、少用药、少污染，为人类提供更多的绿色食品。

第二节　推动蜂业绿色发展破解贸易“绿色壁垒”

进入21世纪，生态农业、绿色食品成为农业生产的主导。绿色食品应在绿色农业生产体系中生产出来，尤其是蜂蜜、蜂花粉、蜂王浆等天然产品更是这样。发展绿色农业、获得绿色产品是世界发展趋势。因此，我们应积极推动蜂业绿色发展，面对和迎接国际的绿色挑战。

我国蜂业发展较快，蜂群接近1 000万群（2015），蜂产品产量处于世界领先地位，但质量存在一定的问题，多次发生蜂蜜质量事件。2012年，因蜂蜜内氯霉素残留量严重超标，欧盟以及日本、美国等拒从中国进口蜂蜜，使中国蜂蜜出口严重受阻。我国蜂蜜成为“低质蜜”“问题蜜”，国家、企业和蜂农遭受到重大影响和损失。

为迎接挑战，必须走蜂业绿色发展之路，生产绿色蜂产品，破除和规避国际贸易中的“绿色壁垒”。从2002年开始全国同步采取应对措施，举办蜂产品无公害培训班，提高蜂农等生产者的无公害生产技术水平，加强蜂蜜质量检测，发现残留超标溯源追责。严禁使用化学药物，提倡生物防治蜂病。经过两年的努力，绿色措施得到回报，使蜂蜜药物残留量大大降低。蜂蜜中药物残留量限制在欧盟规定的氯霉素含量不超过0.1μg/kg、链霉素不超过20μg/kg、杀虫脒不超过10μg/kg的标准内。欧盟要求蜂蜜中氯霉素含量不能超过20μg/kg，相当于在10万t蜂蜜中氯霉素只有1g。很显然，这是贸易需要所设置的壁垒。由于我国开展全国治污，减少药残，到2004年欧盟和一些国家陆续取消壁垒，恢复与我国的正常蜂业贸易。

安徽省蜂业学会在中国养蜂学会的支持下，组织以李位三教授为主的研究力量，除贯彻其他应对措施外，重点攻坚研究中草药制剂“蜂幼康颗粒冲剂”。经过多年努力，终于取得无污染、有效防治蜜蜂幼虫病的绿色药物。临床治疗美洲幼虫腐臭病、欧洲幼虫腐臭病、麻痹病等传染性蜂病有效率达90％以上，治愈率70％～

80%；对爬蜂病、白垩病也有良好的防治效果，很受蜂农的欢迎，如推广使用将会减少和代替化学药物的使用量。

经过三四年的试验和临床应用证明：中草药及其制剂防治蜂病特别是传染性疾病是有效可行的，无污染或低污染，无残留或低药残，不会产生抗药性。治疗效果充分证实，中草药及其制剂，是推行绿色防治蜂病中最为理想的药物。

为了蜂农转地放蜂时便于携带和存放，把中草药制成成药，“蜂幼康颗粒冲剂”用温水大约1～2min左右可以速溶，变成琥珀色的药液喷脾，或加糖喂蜂很方便。由于多味中草药配伍，药效较全面，能达到“一方治多病”的效果。作者把此制剂避光暗处存放四五年，虽然出现粘结，但仍未失去防治蜂病的效能，药效持久。

用中草药防治蜂病给我的启发是：中药草是祖国医药的宝库，资源丰富、经济实惠，积极开发中草药资源，研制和生产颗粒、粉剂、片剂等剂型，防治蜂病不仅有效而且能推动蜂业的绿色发展，可有助于绿色蜂保工作的推行，可有效地破解国际贸易中的“绿色壁垒”，以保证我国蜂业的顺利发展。

第三节　蜂业绿色发展的生态环境要求

一、选择优良栖息地设置蜂场

蓝天、白云、绿水、青山的良好生态环境，不仅是人类宜居的环境，也是蜜蜂和其他生物宜居的环境。优良的生态环境是蜜蜂健康的“摇篮”。选择无污染的生态环境建立蜂场是蜂群健康管理的首要环节。

优质的水源、无污染的环境，可让蜂群少得病、不得病，保持健康（图1-1）。据估计有10%～40%的蜂病是由于饮用污水感染病原菌

而引起的。山区蜜粉源丰富，生态好，是蜜蜂的繁衍的“天堂”（图 1-2）。

图 1-1　优良的水源

图 1-2　优良生态环境
（河南王屋山，徐祖荫）

二、蜂场要远离污染源

主要污染源有化肥厂（化工厂）、污水处理厂、畜禽屠宰厂、垃圾堆放场或处理厂、农药厂、畜牧场、水泥厂、塑料加工厂、被污染的水源、公路（尤为土质公路）、铁路等。要远离污染源，不能在这些地区建立蜂场，以防止病菌传播、污物和尘埃污染、电磁波干扰（图1-3）。

图1-3　蜂场要远离污染源

水是生命之源，对蜂群特别重要。放蜂场地选择应把水源放在重要地位。

长期干涸的沟渠、水塘、小河等是生物病原菌集中的地方，不宜建立临时性蜂场，更不应设立固定蜂场（图 1-4）。

图 1-4 将要干涸的水塘水质低劣病原体多

自然保护区、水质优异的水库、河流、水塘，可以给蜜蜂提供优质饮水（图 1-5）。如蜂场附近无此条件，应设立饮水器，保证蜜蜂采到清洁饮水。

图 1-5 自然保护区生态条件好

三、良好的蜜蜂育种场、繁殖场、放蜂场举例

1. 环境优异的育种场　优异的生态环境是培育优质蜂王的重要条件（图 1-6）。

图 1-6　在优美的自然环境里的吉林省蜜蜂育种场

2. 环境优异的放蜂场　重视放蜂临时蜂场场址的选择。将数千群蜜蜂放置于远离尘埃多、病原菌污染大的交通沿线，很科学地安排在背靠大面积蜜粉源的“草坪”上，减少了污染（图 1-7）。（引自《蜜蜂杂志》）

图 1-7　广西桂林盛家联合蜂场

把蜂群放置在靠近蜜粉源的树林下，既遮阳又安全，尘埃少、

污染少（图 1-8）。

图 1-8　靠近蜜粉源的林下蜂群

第四节　提升蜂业低碳产业水平

一、低碳是蜂业绿色发展的基础

我国蜂业“基本上”是低碳产业，是因为蜂业不是孤立地进行的生产活动，与农林业、生态环境等有着扯不断的联系。养蜂需要优异的生态环境，要依靠农业，因此环境污染以及农业生产中施药、施肥等会对蜂业产生影响，目前蜂业还不是完全纯净的“洁净生产”，必须还要采取措施提升蜂业低碳水平。

（一）养蜂是低能耗生产活动

养蜂是劳动密集型的产业。目前，主要还是以手工操作为主，机械化程度低，人均管理蜂群数量少，多则 60～80 群至数百群左右，少则 40～50 群。从蜂群管理、产品生产、经营运输等，使用电力或油耗很有限。粗略统计，我国蜂群转地饲养，手工操作管理内容占 90％～95％，机械能主要用在车辆运载上；定地饲养的蜂群手工管理劳动达到 95％以上，蜂群检查、取蜜、移虫生产蜂王浆等都是体力劳动，以繁重的劳动换取产品。

随着蜂业生产的发展，即使基本上实行机械化，也不能完全代替必要的手工劳动，更不能取代利用蜜蜂为农作物授粉的特殊过程，蜜蜂采集花蜜和花粉，酿造及授粉的媒介作用，还要靠人工组织蜜蜂来完成。

（二）养蜂生产过程低污染或无污染

目前种植业生产中使用大量的农药、化肥等化学制剂，严重污染了土壤、水体、空气以及农作物及其产品；养殖业中畜禽排泄物排出量很大，牛、猪、鸭、鸡每日产生粪便数量分别为20、2、0.13和0.12kg，牛和猪每日产生的尿液分别是10和3.3kg。而养蜂生产全过程基本上不会产生大量的废弃物。蜜蜂数量虽多，繁殖旺季一个强群达4万～5万只，小型蜂场40～60群，蜜蜂个体数可达160万～300万只，一个100群的蜂场可达400万～500万只，但产生的排泄物极少，把养蜂生产本身称为“洁净产业”是名副其实的。

不仅如此，大力发展养蜂业为农作物授粉，可大大提高授粉、受精效率，显著增加产量，减少农药、化肥的使用量，降低农业生产中的污染和危害（药害）程度，也是保护生态环境的一个重要方面。随着科技的进步和发展，用生物技术提高农作物产量，以生物防治代替化学制剂防治作物病虫害和蜜蜂疾病，污染程度会越来越小，环境会越来越好。

（三）蜂产品是无需“加工”的天然营养佳品

人们生活必需的粮、油、肉、鱼、蛋、奶等食品，必须经过加工、调制等复杂工序后才能使用，而蜂产品最大的特点是具有天然属性，不需人为的复杂“加工”或“深加工”，不需要消耗能源、人力、物力，只要洁净生产即可直接食用。蜂蜜、蜂王浆、蜂胶等本身具有较强的抑菌或杀菌能力，可以说是人们低碳生活的佳品。人为地改变其成分结构，进行“加工”，不但增加能量的消耗，还有可能带来二次污染。

（四）养蜂业生产无损于自然资源

利用蜜蜂进行生产活动的另一个特点是，不但无损和减少自然资源，相反它能很好地保护和增加自然资源，这是其他养殖业做不到的。对人类生存影响较大的植物资源经蜜蜂授粉可相应增加产量，既充分利用了植物资源，又保护了植物多样性和生态多样性。

低碳经济的积极意义和作用，是使各产业互惠互利协调发展，建立有益于人类的生态环境，保持经济绿色可持续发展。蜂业不与农业争地、争肥、争水，相反，通过蜜蜂授粉可提高，农作物单位面积产量，等于间接增加了耕地面积，养蜂生产不会掠夺和破坏植物资源，而是使植物资源有效地恢复和繁衍。

（五）蜜蜂活动让地球更美丽

蜜蜂是最好的植物传粉媒介之一，只要地球上蜜粉源植物的利用尚未达到极限，蜜蜂数量越多，授粉能力越强，植物也就越昌盛。蜜蜂多了，植物也就多了，可净化空气，美化环境。正如伟大的生物学家达尔文所说的那样，“地球上若没有昆虫，植物便没有美丽的花朵”，有了蜜蜂等授粉昆虫的生存和繁衍能使地球变成一个大花园，人类的生态环境就会改善，更重要的是人类的食物也会有较大的丰富。整体农业生态系统中蜜蜂生态位具有重要作用，蜜蜂授粉可使作物增产，减轻粮食问题压力，同时蜜蜂给人们提供优质的蜂产品。

二、发展低碳蜂业带来的有益变化

以低能耗、低排放、低污染的“三低”为主要内容和重要标志的蜂业，实施可持续发展的战略转变，会给养蜂生产带来不少有益变化，推动和提升了蜂业绿色发展水平（图 1-9）。

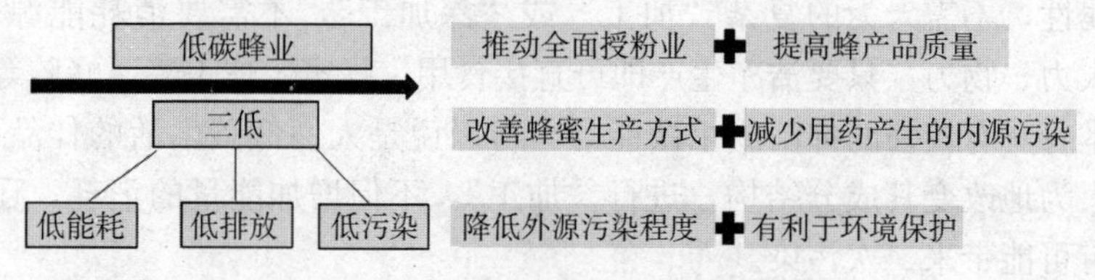

图 1-9　发展低碳蜂业带来的有益变化

可以提高蜂产品质量，推动蜜蜂授粉业的发展，能促进蜜蜂等

生产方式的改变，由于减少或杜绝化学制剂和抗生素在防治蜂病上的应用，能有效减少内源污染，从而能降低外源污染的程度。因为蜂业是整个农业的组成部分，蜂业生产污染源的减少，也可使农业污染源相应减少，进一步提升生态环境保护的力度。对蜂业本身，保持和提升其低碳水平，也更有利于蜂业的绿色健康发展，其表现在如下诸方面。

（一）改变蜂病防治途径，减少内源污染

研究和推广生物防治蜂病的技术以及积极推进绿色植保措施，减少了直接污染渠道。贯彻以防为主的防治蜂病的方针，可减少蜜蜂发病率和用药量、施药次数，大大降较低内源污染。过去防治蜂病用药频频，特别是使用化学制剂和抗生素，污染严重。现在法规规定禁止使用易污染、易产生药残和药害的化学药物，不仅提升了蜂业低碳、绿色水平，且直接减少了对蜂产品、蜂体以及环境造成的污染。

（二）发展低碳绿色蜂业，推动蜜蜂授粉业发展

组织蜜蜂为农作物授粉，开拓了蜂农增收增效的又一渠道。蜜蜂授粉是零能量消耗、零污染和零排放的“三无”增产活动，不增加土地、不增加肥料、不增加喷施农药的植保开支的“三不增”的绿色生产。可以有效地降低了喷施农药的外源污染。这种生物增产措施，是蜂业低碳的实质部分。

（三）提升蜂业低碳水平，生产优质蜂产品

蜂业低碳绿色发展，意味着蜂业生产的环境更优美、污染程度更低、蜂群能更健康地生存和繁殖。优美的生态环境加上蜂群健康，生产出来的蜂蜜等蜂产品品质更优。

（四）提升蜂业低碳水平，改变蜂业生产方式

生产成熟蜜和全面推广蜜蜂为农作物授粉这一绿色生物增产措施，第一是逐步改变长途转运放蜂，改为定地加小转地放蜂的饲养方式（现在还有不少蜂场采取长途大转地放蜂方式，就是因为蜜蜂授粉技术没有全面实施）；第二是由原来的主要生产蜂产品，转变为“蜂产品＋蜜蜂授粉产业”体系，更好地把生产蜂产品和全面为

农作物授粉两者有机地结合起来。随着绿色生产的发展，逐步将蜜蜂授粉提到第一位，以有助于解决粮食增产和粮食安全问题，体现出蜂业低碳绿色发展的正效应和农民（包括蜂农）“红利”的获得感。

三、提升我国蜂业低碳水平的措施和途径

（一）转变蜂蜜生产模式是提升蜂业低碳水平的当务之急

我国生产自然成熟蜜历史悠久，但从20世纪70年代以后生产稀蜜再浓缩的生产模式占主导地位。这种生产模式分两个生产阶段：一是蜂农管理蜜蜂生产低度稀蜜阶段，二是蜂蜜出口企业低价收购稀蜜进行机械“浓缩”加工成“浓缩蜜”，被外商称为“低质蜜”和“问题蜜”。要看到，生产者靠勤取蜜、取稀蜜生产低度蜜，给蜜蜂造成很大影响和损害。

这种两段式生产蜂蜜的过程，带来了能量消耗，增加了蜂蜜受污染的机会，后期加热浓缩会使一些蜂蜜中一些营养成分（尤其是挥发性芳香物质和活性物成分）受损失，蜂蜜色加深、味变淡，质量受到影响，不同程度地失去了原生态蜂蜜的性状。两段式生产蜂蜜的模式带来不良的后果，不仅降低了蜂业生产低碳绿色水平，失去了蜂蜜自然、优质、无污染的品质，还给蜂农、蜂产品出口企业和国家造成巨大的经济损失。就以蜂蜜出口来说，我国出口的“浓缩蜜”竞争不过外国的自然成熟蜜。据美国统计局提供的2008年美国进口蜂蜜价格，中国蜂蜜价格最低，仅为878美元/t，澳大利亚蜂蜜价格最高，达2 886.58美元/t。低价出售浪费了我国养蜂资源和劳动力资源。要改变这种状况，当务之急就是改变二段式的生产模式，恢复一段式由蜜蜂酿制生产自然成熟蜜的低碳绿色生产模式。

（二）严控外源污染、防止内源污染是提升蜂业低碳水平的关键

我国蜂业和其他产业相比，是低能量消耗、低污染、低排放的基本低碳产业，但严格要求还有一定的差距和问题，其根源主

要来自两方面因素的影响和威胁。蜂业不能独立于自然环境之外，它依附自然、依附生态环境，更依附大农业而存在。此两方面的因素，一是外界环境的污染，二是防治蜂病施药带来的“药残”和“药害”。要想保持我国蜂业低碳、绿色水平，并提升其水平，就必须解决外部污染和内部药患的问题。但就目前而论，严格控制外源污染，必须减少农药使用量和次数，特别是农作物开花期绝对禁止施用农药，选择使用低残留、易分解的农药减轻农作物和环境中药物残留量。防止内源污染比防止外源污染容易做到，养蜂者要树立防污观念，减少使用化学制剂和抗生素防治蜂病，积极采用生物防治蜂病技术，同时加强蜜蜂健康管理，就可以取得防污治病的效果。

（三）实施绿色植保和绿色蜂保是杜绝污染的方向

鉴于施用农药（蜂药）对农作物和蜜蜂造成药害、对生态环境造成影响和破坏的现实，加大对绿色植保、绿色蜂保的研究力度十分必要。国家已整体实施减排治污，逐渐减少农药、化肥用量，改善整体生产环境（图 1-10）。农业绿色发展和蜂业绿色发展与大生态环境的改善是相辅相成的。

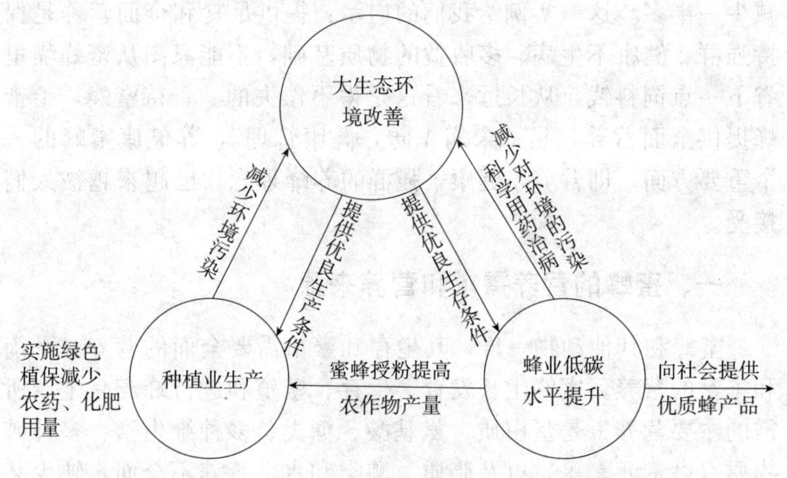

图 1-10　蜂业低碳绿色发展和农业戚戚相关

第五节　善待蜜蜂"富养蜂"

我们平时会碰到这样一个实际情况：有的养蜂者为了节约开支，对非流蜜期的蜂群采取"节衣缩食"的管理，让蜜蜂从外界很少的补助蜜粉源为食物来源，苦苦挨过非生产期，等待流蜜期的到来。这样做弊端多，会导致蜜蜂健康水平下降，群势减弱，给生产带来很大的损失。用一个实例来说明这种不科学的做法。10群蜂在足食条件下生存，仍保持较高的繁殖速度，新蜂不断出房，30多天后群势仍不减，基本上维持12～13框足蜂，每群子脾在4～5框，以强群优势迎接下一个流蜜期的到来。而另外6群蜂在巢内饲料不足的情况下生存，老蜂陆续死去，新蜂出房少，蜂王产卵力降低，每群子脾1～2框，少者不足1框，群势由原来的12框左右下降到6～7框蜂，说明蜜蜂衰老快，出房的新蜂中有弱蜂、病蜂（不能飞起）出现。20多天后下一个流蜜期来临时，蜜蜂采集力很弱，等到弱群恢复到生产群（12框蜂左右）群势，流蜜期过去了一多半，生产效益比足食的10群蜂减少一半多。这一实例给我们的启示：提供足食和全面营养是保持强群、健康不生病、多收益的物质基础，不能只图从蜜蜂嘴里省下一点饲料钱，从长远来看这是得不偿失的。善待蜜蜂，给蜜蜂提供全面营养，是"未病先防，健康管理"，养健康蜜蜂的一个重要方面，即营养—健康—强群的养蜂理念，已越来越被人们接受。

一、蜜蜂的营养需求和营养来源

蜜蜂和其他动物一样，其生存和繁衍需要全面的营养、平衡和丰富的营养。蜜蜂生长发育、生存、繁殖和进行蜂产品生产所需的主要营养素是蛋白质、氨基酸、糖类、多种维生素、多种矿物质（微量元素等）以及脂质、酶类和水。营养不全面，缺少某一种要素（尤其是蛋白质、必需氨基酸、糖类），都会严重影响蜜蜂幼虫的生长发育、成年蜂的健康，降低蜂群繁殖力、生产力以及抗病力，甚至出现蜜蜂大面积的“亚健康”，体弱、生病和死亡。

蜜蜂的这些营养素来自外界植物提供的两大自然营养源，即全面丰富的营养库——花粉和主要能源来源——蜂蜜。水源能满足蜜蜂对水和部分矿物质的需求。蜜蜂采水一方面可满足蜂体新陈代谢过程中生理用水，另一方面可使巢内小生态环境得到改善，巢内温湿度得到调节。

蜜蜂靠两大营养源保障自己的生存、繁衍、健康，使生命得到延续和扩展。花粉对蜜蜂至关重要，缺少花粉蜜蜂就不可能健康繁殖，蜜蜂只能从花粉内获得蛋白质和必需氨基酸以及其他营养素，以维持生命和生命的延续。蜂蜜中含有大量葡萄糖、果糖以及种类繁多的其他糖类，如少量的蔗糖、海藻糖、麦芽糖、松三糖、棉籽糖、甘露糖等，和其他营养（如表 1-1 所示）。蜜蜂所需矿物质不仅可以从花粉、蜂蜜中得到，也可以从饮水内得到补充，人工设置的饮水器内可以放置少量的盐，让蜂蜜采食。

在早春，蜜蜂逐渐进入繁殖期，对食物的需求十分迫切。当外界蜜粉源还很少时，满足不了蜂群繁殖的需要，第一需要不仅仅是水，更主要的是花粉。蜜蜂迫不及待地想找到花粉，忙碌不停地出巢采集。1994 年，笔者露天晾晒两斤多花粉准备制成花粉饼以解决蜂群早繁花粉不足的问题，但没有料到在不到两小时的时间内，被试验蜂场 20 多群蜂“抢”走了，有些人家晒的山芋粉、糯米粉等也遭到蜜蜂的“抢劫”。可见蜜蜂早春繁殖对花粉需求的迫切性，没有花粉，蜜蜂的繁殖会受到严重而致命的影响。因此，必须高度重视花粉的收集、保存和供应。不能只关注取蜜、生产王浆，而忽视花粉的供应，同时要留足饲料蜜。为了认识和了解蜜蜂两大营养源——花粉和蜂蜜对蜜蜂保健康、促繁殖的重要性，把两者营养成分对比（表 1-1）如下：

表 1-1　蜂蜜与白糖营养成分比较

蜂　蜜				白　糖	
营养类型		营养成分	含量	营养成分	含量
糖类	主要糖类	葡萄糖、果糖计 2 种	70％～80％，高达 90％左右	蔗糖（双糖）	100％
	其他糖类	蔗糖、麦芽糖、棉籽糖、乳糖、松三糖、甘露糖、海藻糖、阿拉伯糖等，计 8～10 种			
蛋白质			0.2％～0.6％		
氨基酸类		组氨酸、苏氨酸、脯氨酸、蛋氨酸、亮氨酸、异亮氨酸、赖氨酸、丝氨酸、甘氨酸、精氨酸、谷氨酸、天门冬氨酸、苯丙氨酸、胱氨酸、缬氨酸、色氨酸、丙氨酸、酪氨酸等，共 17～18 种	丰富、种类多		
有机酸类		葡萄糖酸、柠檬酸、苹果酸、山梨酸、酒石酸、乳酸、草酸、丁酸、戊酸、醋酸等，约 10 种以上	0.1％以上		
矿物质类		铁、铜、钾、钠、钙、镁、钨、磷、硅、铬、镍、钴等20种以上	0.03％左右		微量
维生素类		维生素 B 族、维生素 C、维生素 E 等，10～12 种	丰富		
酶类		转化酶、淀粉酶、葡萄糖氧化酶、过氧化氢酶、蛋白酶等，8 种以上	丰富		
其他		植物激素、芳香物质、胡萝卜素、叶绿素、少量花粉（粒）等			

引自李位三著《蜜蜂产品》1998。蜂蜜种类多，各种蜂蜜所含营养成分有些差异。

从营养成分可以看出：蜜蜂所需两大营养源所含成分极为复杂。蜂蜜成分达 17 种以上，其中主体成分单糖（葡萄糖、果糖）占总糖量的 70%～80%，有的蜂蜜竟达 90%左右，加上其他糖类，可占蜂蜜成分的 95%～98%。花粉营养成分更丰富全面，其成分达 22 种以上。其中最多的为蛋白质，含量达 15%～27%，有的高达 40%左右；氨基酸种类比蜂蜜（17 种）多，达到 18 种以上，其蛋白质含量是蜂蜜（0.2%～0.6%）的 45～75 倍，最高可达 200 倍之多。这两种自然食物被蜜蜂取食和利用，足以满足蜜蜂生存、繁衍对营养的需求，是其他人工加工食物不能取代的营养价值极高的自然食物。人们用白糖喂蜜蜂，仅能提供能量，保证不了蜜蜂正常繁衍的需要，就是营养成分比白糖好的脱脂大豆粉和酵母粉等代用品，也不能与天然的花粉相比。

营养丰富、全面是健康的保障，越来越多的实例证明营养不良则蜜蜂健康不佳、体弱、易生病。Eischen 和 Graham（2008）的研究表明，营养差的蜜蜂比营养好的蜜蜂更易感染蜜蜂孢子虫；Schmidt 进行的一系列研究说明，给蜜蜂饲喂混合花粉比饲喂单一品种花粉的寿命更长；Alaux 等研究亦证实，由多种花粉配合的混合日粮比单一花粉能使蜜蜂获得更强的免疫功能。更健康，生病少。在现代化农业生产模式中种植单一作物的面积不断集中和扩大，更应给蜜蜂提供营养价值高的花粉（如油菜花粉、瓜类花粉等）或者混合花粉。

二、不同时期蜜蜂的营养需要量存在差异

蜜蜂是完全依靠植物提供的花粉和蜂蜜为食物的单食性群居昆虫。单食性是它的食性特点。蜜蜂虽然能采食某些糖（白糖）和花粉代用品，但其不是主要的食物，不但营养不全面，而且很不经济。另外，蜜蜂在一年中不同时期对营养的要求也存在着差异性，养蜂者务必要了解蜜蜂这一营养需求变化，从而改变管理策略，从营养方面着手进行健康科学养蜂。

在一年中由于外界条件（季节、气候、食源）变化和蜜蜂自身

生命活动的不同，蜂群表现出对营养需求变化的规律性，根据这一规律性变化保证蜂群营养平衡，有益于蜜蜂健康、延长生命。

人们把蜜蜂一年的活动大致分为活动时期和非活动时期两个时期。在蜜蜂活动时期，蜂王不断产卵，工蜂承担采食食物，酿造蜂蜜、蜂粮，调节巢内温湿度，维护生态小环境，吐浆哺育幼虫等任务，消耗大量的能量和以蛋白质为主的营养素。需要的营养不仅量要多，而且营养种类要全，方能满足蜂王产卵、工蜂吐浆和饲喂幼虫、泌蜡造脾等高能量、高营养付出活动的需要。营养充足才能使蜜蜂健康不生病，繁殖快、保强群，获得高效益。因此，这个时期要保持蜂蜜、花粉足量，以足食全面营养取得强群、高产，要像国外一些养蜂者那样管理：即使非流蜜期也应留足饲料蜜，确保繁殖。也就是要善待蜜蜂，不能苛刻蜜蜂，要树立“富养蜂”的理念。

在我国除了北方地区（和东北）外，蜜蜂非活动时期即越冬时期是较短，南方1个月，中部2～3个月，北部3～4个月。虽然时间短，但必须重视安全越冬。这个时期气温低，蜜粉源基本断绝，蜜蜂停止了巢外一切活动和巢内繁殖活动，在巢内聚集结团越冬，以求度过严寒的冬天。这期间蜜蜂需要消耗大量能量，产生热能维护巢温。由于停止繁殖对蛋白质和其他营养成分需要量大大减少，但要保证蜜蜂在半冬蛰状态下最低新陈代谢生理活动需要的营养素（低量营养），做到安全越冬、健康越冬，必须供应足够的成熟蜂蜜，才能满足蜜蜂的需要。而用白糖代替蜂蜜是不科学的，缺乏必要的营养素，会导致蜜蜂提前衰老、生理机能下降，越冬死亡率增多，甚至垮群，或到立春时出现“春衰”。

要研究蜜蜂营养，才能做到健康管理。根据蜜蜂对营养需要的规律供应营养，为蜜蜂生活繁衍创造条件，让其“安居”又“乐业”。要顺从自然、尊重自然规律，不能为了节省饲料费，该补饲的不补饲，让蜜蜂在半饥饿状态下生存或低效繁殖。管理措施是否科学，是否符合蜜蜂生活繁殖规律，是否有利于蜜蜂健康，必须经过实践加以检验，做到去伪存真。多次试验皆证明，用成熟蜜作蜜蜂越冬饲料好处多。

自然界一些昆虫，特别是像蜜蜂这样体小的昆虫，其生存的特点是生命短、繁殖快。而繁殖快必须有营养来保障，也就是说足食、全面的营养，不仅可保证繁殖快，而且能延缓衰老，延长寿命。而采取掠夺性的管理办法对待蜜蜂，“多取少留”或“多取不留”巢内食料，不仅蜜蜂繁殖慢、不能维持强群，而且会缩短蜜蜂寿命。凡是养健康蜜蜂、养强群的国内外养蜂者，都善待蜜蜂，供给足食全面营养，不做索取多而支付少或不支付的傻事。

科学养蜂就是根据蜜蜂对营养需求的变化规律，提供营养。足食全面的营养才能保障蜜蜂健康、蜂群强盛，这是养蜂者必须践行的一条管理原则，是蜜蜂少生病、不生病，养健康群、强群的关键，也是蜂业绿色发展的重要物质条件，从而构成营养—健康—繁殖—强群的良性循环，保证蜂业的可持续发展。

第六节　慎用药物预防蜜蜂疾病

过去有的养蜂者不仅用化学药物、抗生素治疗蜂病，而且还用这些易污染药物预防蜂病，如早春在蜜蜂饲料里放一些杀菌、抗病毒等药物，预防某种疾病的发生，能起到一定的预防作用，但给蜂群带来不少副作用，甚至造成“灾难性”的影响。可以说常用药物预防是养蜂者的大忌之一。

预防性给药造成的副作用，往往养蜂者注意不到，因为多半是时间长、隐性的，到一定时期才表现出来。一是蜜蜂受到药害，降低体内酶的活性和细胞的敏感性，伤害了蜜蜂体内的有益菌落，使蜜蜂本身防御能力减弱，病原易侵入而生病；二是使蜜蜂等蜂产品受到污染，产生了药物残留，哪怕只喂一两次预防药，也会使蜂产品受到污染，品质降低。

常用磺胺类药物，抗菌谱愈广，对蜜蜂体内有益微生物破坏性愈大，反而易生病。湖南省邵阳市曾凡瑞试验报道（1991年）：用20群中蜂做对比试验，其中10群试验组每天喂四环素糖水150ml

(含有四环素 0.1g)，10 群对照组每天喂纯糖水 150ml。3 天后人工接种“欧洲幼虫腐臭病”，7 天后检查：试验组 10 群蜂全部被感染，发病率 100%；而对照组仅有 8 群蜂感染，发病率为 80%。

接着又对病群用链霉素进行治疗，每天每群喂 150ml 糖水(内含链霉素 0.5g)，连喂 3 次。两天后检查：试验组只有 3 群被治愈，治愈率仅 30%；而对照组 7 群治愈，治愈率为 87.5%。小型对比试验说明：中蜂人工感染前使用抗生素，不仅发病率高，而且治愈率低。对无病蜂群施用抗生素等药物进行预防性给药，危害性较大，给蜜蜂带来不良的药害，破坏了蜜蜂本身的防卫能力，而使有益微生物菌落组成的生物防线崩溃，外界病原易于侵入而生病。

养蜂者防止蜜蜂生病，绝不能靠给蜜蜂施用预防性药物。防止蜂病的根本途径，在于加强蜜蜂健康管理、养强群，提高蜂群自身的抗病能力。

科学管理蜂群，保持蜂群健康不是不用药，而是合理用药，要改变滥用药的做法，注重通过健康管理，达到未病先防的目的。对预防性给药一定要慎用、少用或不用。要进行预防性给药，应该选用中草药或其他生物防治方法，杜绝用化学制剂和抗生素类药物。

作者于 2003—2006 年四年间，用半枝莲、连翘、黄柏、虎杖等八味中草药配伍合剂，预防蜜蜂幼虫病、“爬蜂病”等，预防用药的蜂场 7 个，接受用药的蜂群达 649 群，预防有效率达 100%。繁昌县、宿州市和黄山市等县市，2004 年发生欧洲幼虫腐臭病和麻痹病等，2005—2006 年春季用中草药防治后，未再发生洲欧幼虫腐臭病、麻痹病以及其他疾病，预防效果显著，亦未发现对蜜蜂本身有副作用。如用化学制剂预防蜂病，则不可能达到这种理想的效果。

20 世纪初爱迪生曾说过：“未来的医生不再给病人药物，而是引导人们关注人类本身饮食的营养以及疾病的起因和预防。”医学之父希波克拉底认为“你的食物就是你的医药，不适当的食物引起疾病，恰当的食物还可以治病，”又说：“大自然治病，医生不过是大自然的助手。”（林海峰 2005）。其意思是健康来自机体质量、来自营养和预防，而不能靠药物保健康。

同样，要让蜜蜂健康、远离疾病，不能依赖药物，频繁使用药物会产生药害，干扰蜜蜂的防御体系。从长远来看，要靠管理预防疾病，以营养提高蜜蜂体质，发挥蜜蜂自身的潜能。

蜜蜂健康与营养（食物）的关系极为重要，可以说营养全面的食物是保持蜜蜂健康的“药物”，不适当的食物会使蜜蜂体质下降，引发疾病。例如：外界条件不良，蜜粉源缺少，蜜蜂繁殖停滞，生存受到威胁；营养不均衡，某种营养要素缺失，导致蜂病多发，甚至致残或死亡；“以糖代蜜”作蜜蜂越冬饲料，会增加死亡率等。科学管理，提供优质的食物，能有效增强蜜蜂体质，提高其免疫力和机体自我修复能力，这是保持蜜蜂健康的内在力量，而药物治疗应是辅助手段。蜜蜂患病不是不需要药物治疗，而是养蜂防病立足点应在预防，改善蜜蜂生存的条件和环境，保持蜂群健康生存、健康繁衍。

总之，蜜蜂的健康和繁盛，不是来自频频施药预防和治疗疾病，而是来自科学的管理，提供全面营养，把蜜蜂自我防御能力调动起来。要从平时的预防和管理入手，延长蜜蜂寿命，减轻蜂群无效的劳动强度，防止蜜蜂过快过早衰老，这是蜂业绿色发展的关键措施之一。

第七节　创造条件延长蜜蜂寿命

蜜蜂（工蜂）的生命时间短暂，一般只有 35～45 天，如果生态环境不良、生存条件差，寿命会缩短。养蜂者应从管理入手，改善内外条件，把加速蜂群繁殖和延长蜜蜂个体寿命结合起来，集聚数量，提高质量，保持和培育强群，增强蜜蜂抗逆、抗病能力，保持蜜蜂健康，不生病、少生病、少用药，这是推动蜂业发展的不可忽视的方面，也是“以防为主”的主要内容之一。

一、延长蜜蜂寿命的可能性

影响蜜蜂寿命长短的因素很多，如遗传、气候、环境、食物营养（蜜粉源）、劳动强度（采访、保温、排潮扇风、哺育等）、群势强弱、疾病危害、管理水平等。提别是劳动强度、营养等更为重要。长期实践证明：蜜蜂寿命长短受外因的干预影响，表现出明显的波动性，即寿命的可塑性。在外因的作用下，蜜蜂寿命长短相差达 3 倍左右。改善环境条件，可延长蜜蜂个体寿命，进而延长蜂群的整体寿命。以下介绍延长蜜蜂寿命的生物学基础。

（一）蜜蜂新陈代谢有明显的可塑性

昆虫寿命与代谢存在着直接的相关性，代谢越旺盛，体能消耗越大，其生命越短。减缓蜜蜂无谓的消耗，可以防止早衰早亡，延长其寿命，提高利用价值和延长利用时间。原苏联阿尔帕托夫等研究证实：1 只宁静地处于器皿底部的蜜蜂，气温 18℃时每分钟需要氧气为 $8mm^3$，而 1 只运动的蜜蜂则需氧 $36mm^3$，1 只被激怒振翅或飞翔的蜜蜂需氧 $520mm^3$。并证明蜜蜂的最小生理应力与最大生理应力的比例是 1∶140，而人类的最小应力与最大应力之比是 1∶10。由此可见，蜜蜂的新陈代谢有极大的可塑性，能使蜜蜂在一些情况下节约食物、氧气和能量，而在另一些情况下又能迅速地产生大量能量。新陈代谢的可塑性大，是使蜜蜂适应能力增强，寿命极限变数增大的生理基础。

（二）营养因子可以改变蜜蜂寿命

单从营养学考虑，营养是延长蜜蜂个体寿命的典型例子，最明显的蜂王和工蜂寿命的巨大差距。蜂王和工蜂同为受精卵发育而来的雌性个体，但由于蜂王从幼虫到成虫一生都吃蜂王浆，（由工蜂供给）能活 5～7 年，最长的可达 8～9 年；而工蜂幼虫只有 3 日吃蜂王浆的机会，3 日后改为吃花粉为主调制的“乳糜”，一直到成虫，工蜂只能以花粉花蜜为食。由于食物不同，蜂王的生命为工蜂活动期寿命的 46～48 倍，有的高达 52 倍以上。这突出显示出蜂王浆作为营养源，影响蜜蜂寿命的效力。

其次是花粉，它是营养食物，不仅营养物质充足且营养成分齐全。充足的花粉能保障工蜂生长发育、泌浆饲喂幼虫的营养需求。一个食物贫乏、花粉不足的蜂群，其个体寿命不会很长。工蜂寿命取决于其体内脂肪和蛋白质的储备，哺育幼虫需要大量的蛋白质（主要来源于花粉）。培育蜜蜂幼虫的工蜂仅能活 60 天，而没有培育幼虫任务的工蜂则能活到 188 天（毛里茨欧，1950）。培育幼虫消耗营养量大，蜜蜂的咽腺和脂肪体相应发育快，转入机能衰老期也就快。（图 1-11）

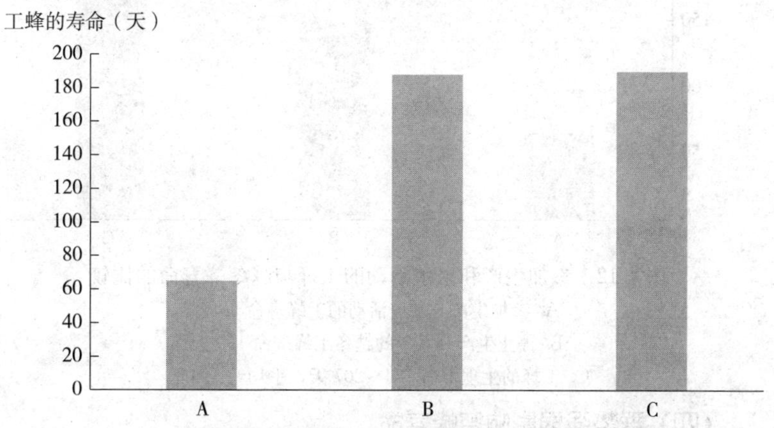

图 1-11　参加饲喂幼虫的工蜂寿命比较（毛里茨欧，1950）

A. 参加饲喂幼虫的工蜂寿命 40～65 天

B. 未参加饲喂幼虫的工蜂寿命 188 天，接近生理寿限

C. 理论上工蜂的生理寿命 184～207 天

（三）劳动强度直接影响蜜蜂寿命

对蜜蜂这种小昆虫来说，劳动强度轻重会使其寿命产生巨大的差距。工蜂担任除交尾、产卵外的采集、酿造、饲喂、造脾、保温、除湿等繁重的劳动，寿命仅为 40～65 天，在逆境下仅能活 35～45 天。而进入越冬期，停止繁殖和生产活动，在巢内结团越冬，新陈代谢处于很低状态，降低了能量消耗和生理机能衰老速度，大大延长自然寿命。

在我国北方地区，蜜蜂越冬期长达 4 个月或以上，越冬后有 1 个月繁殖幼蜂的新老蜂交替期，蜜蜂能活 140～150 天，最长可延长到160～170天，为处于活动期蜜蜂寿命（40～65天）的3～4倍。这提示我们，在日常管理中减少蜜蜂不必要的劳动十分重要（图1-12）。

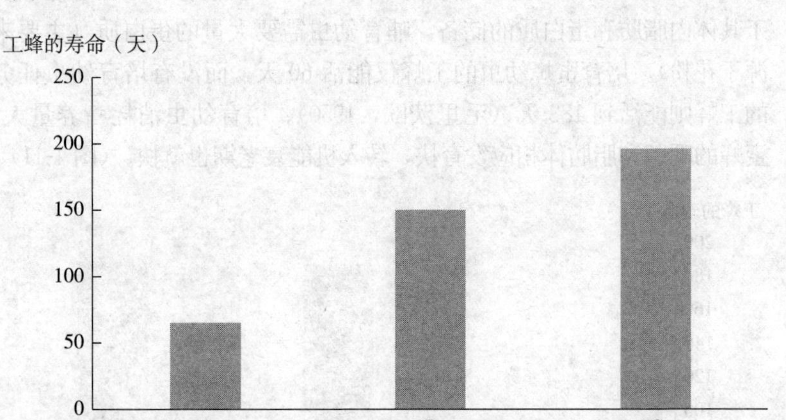

图1-12　参加生产和繁殖活动的工蜂与越冬蜂寿命的比较

A. 参加生产、繁殖活动的工蜂寿命65天

B. 停止生产、繁殖的越冬工蜂寿命150天

C. 工蜂的生理寿命184～207天，平均约196天

（四）群势强弱影响蜜蜂寿命

弱群的蜜蜂由于数量少，负担整群外勤和内勤工作的负荷重，营养和能量消耗多，衰老快。低温的早春、晚秋特别是冬季，弱群蜜蜂数量少、结团小，热量散失多，蜜蜂为生存拼命食蜜产生热量，艰难地维持巢温，比强群蜜蜂更易衰老。强群则表现出较强的生命活力（采集力、繁殖力、生产力、抗逆力等），寿命比弱群的蜜蜂要长得多。

（五）气候因子影响蜜蜂寿命

在气象要素中，温度、湿度、雨量、日照、风力、雾霾、酸雨等，都会影响蜜蜂的生存质量和寿命长短，特别是温度对蜜蜂寿命影响最大。早在1936年Anderson试验记载，处于越冬期的蜜蜂最多可活304天，而劳动强度大的蜜蜂只能活30～40天，前者寿命为后者的8～10倍。低温下蜜蜂停止活动，劳动强度大减，营养和体能耗损降到最低限度，腺细胞器官功能衰退迟缓。可以说，低温是延长蜜蜂个体寿命的重要因素。这又一次告诉我们，在平常的蜂群管理中，如何管控温度，以延缓蜜蜂衰老、延长蜜蜂寿命。

在四季分明的地区，气温波动较大，有不少地区高温和低温的极端气温可相差 45～50℃。应根据外界气温变化，加强蜂群管理，特别是炎夏和寒冬，除了蜂群自动调节巢温外，养蜂者可适当采取降温和保温措施，帮助蜂群较容易地维持正常的巢温，以减少蜜蜂的能量消耗和生理早衰。

二、延长蜜蜂寿命的重要性

对于社会性昆虫蜜蜂来说，强群是生命力所在，是获得较大抗逆性、高产高效生产力的基础和必要条件。强群意味着工蜂多，培养强群包含两个方面：即繁殖快和蜜蜂寿命延长。要保持强群，不仅要注重繁殖数量而且也必须重视延长生命，两者结合，才能达到蜂群的高积累。

国外养蜂，先进的国家多利用 2～4 个或更多箱体，而我国一般仅用 2 个箱体，巢箱上加一个继箱。这么大的差距，除品种、蜜源条件、生态环境等差异外，还有一个原因是没有把蜜蜂繁殖和蜜蜂寿命延长统一起来。在争取蜂产品的高产优质时，要给蜂群“休养生息”的时间，不能进行掠夺式生产，不进行干扰蜜蜂正常活动的繁杂管理，从而延长蜜蜂的自然寿命。蜜蜂个体寿命延长、群体壮大，使蜂群的生活力、生产力得到提高。

三、蜜蜂增健延寿的方法

认识到蜜蜂寿命的可塑性，重视外因的作用，从改善营养条件、饲养管理技术入手，延缓蜜蜂衰老进程是完全可以做到的。养蜂者要树立延长蜜蜂寿命的观念，才能使繁殖蜜蜂、增强群势的效果更加突出。强群不仅仅来自繁殖的“显效作用”，延长寿命也是蜜蜂个体数量积累增加不可缺少的。养蜂者常碰到“春衰”或“秋衰”现象，就是蜜蜂过早过快地衰老，蜜蜂生命时间缩短造成的后果。一个明智的养蜂者，不仅重视蜜蜂的繁殖，还要注意延长蜜蜂的寿命，为此特提出以下几点管理措施，供研究和践行。

（一）足食养蜂，保健康保繁殖

养蜂者都了解蜜蜂所需要的营养以及营养的来源。保证蜜蜂健康生存和健康繁殖，不仅仅需要糖类等能量，更需要蛋白质、氨基酸、脂肪、矿物质、维生素等最基本的营养物质，这些营养来自花蜜、花粉和饮水等。花蜜和由蜜蜂酿造的蜂蜜是能量的主要来源，但只有能量还不行，还需要来自花粉的营养素——蛋白质、氨基酸、矿物质、维生素、脂肪以及水，才能保证和促进繁殖蜂王产卵、幼虫和蛹正常生长发育、成年蜂新陈代谢和生理功能健康运行，这些都离不开成分全面而丰富的营养——花粉，特别是繁殖期需要量更大，没有花粉的保障蜜蜂的繁殖就会受阻。但在不繁殖的越冬期蜜蜂的主要需要是能量，其他营养素需要的很少。

一年内一个强群要消耗 24～25kg 花粉。培育 1kg 工蜂约需 894g 花粉。缺少花粉，蜜蜂就会停止繁殖，成年蜂的寿命会缩短、生理功能下降。毛里茨欧 1950 年就试验证实：工蜂的寿命长短取决于脂肪体内的蛋白质的贮备，蛋白质主要来自花粉，有了充足的花粉供应，舌腺和脂肪体内的蛋白质贮备丰富，工蜂寿命延长。缺粉季节人工补喂花粉的蜂群，其工蜂的寿命比长时间缺粉或花粉不足的蜂群里工蜂的寿命，可以延长 20%～30%。

作者 2005—2007 年连续 3 年，每年从 3～11 月测定意蜂体重，每月测定 100 只以上，多时达 400 只，3 年共计测定 1.3 万只工蜂。结果发现：以 5～6 月体重最重，平均值 0.105～0.107g/只；其次是 10 月，平均值 0.099g/只。3～4 月和 8～9 月体重最轻，平均值分别是 0.095、0.089、0.090 和 0.089g/只。很明显在试验地区由于早春、炎夏气候不佳，食物不丰，培养出来的幼蜂体重平均减轻 10%左右。幼蜂体小体弱，不仅采集力、哺育力不强，而且自然寿命缩短。

以上作者和毛里茨欧的试验结果明确地说明这样一个事实：营养不足特别是缺少或断绝了花粉，会使蜜蜂寿命缩短、工作能力降低，不比疾病的危害程度低，甚至超过疾病的影响。防治蜂病很重要，但足食养蜂、保障蜂体健康优质更重要。蜜蜂体质好、抵抗力强，就会少得病、少用药、少污染。强群健康出高产、出效益。可见足食养蜂特别是供应花粉十分重要。

在蜜蜂食物供应方面存在着一些认识的误区。作者深入基层接触不少第一线的养蜂者，学到一些蜜蜂健康管理的经验和做法，但也听到某些养蜂者讲“巢内不留蜜，能逼迫蜜蜂出巢采集，节约饲料”“巢内有蜜不取尽，会被蜜蜂吃掉”“巢内有蜜，蜜蜂会产生惰性”，等等。这种想法和做法是不科学的、不切合实际的。蜜蜂是很勤劳的，只要外界有蜜粉源就能不间断地出巢采集，巢内没有贮蜜粉的地方，便泌蜡营造新脾。蜜蜂的勤奋不是逼出来的！巢内“存蜜被吃掉”说明巢内贮蜜太少，满足不了蜜蜂的需要，急需补充饲料。我们常常遇到一些养蜂者，为了节约饲料在非流蜜期，巢内饲料不足也不补充，或只喂少量饲料维持蜜蜂生存；流蜜期时多取蜜、少留蜜，不够蜜蜂食用，使蜜蜂处于饥饿或半饥饿状态。这种状况弊端很多：①蜂王不能继续产卵，子脾减少；②幼虫得不到充足的营养，发育不全，有时出现“拖子”现象；③成蜂食物不足，抵抗力下降，易生病，衰老快，寿命缩短；④维持不了强群，生产力降低，⑤零星喂养，饲料消耗快，蜜蜂活动量增大、体能损耗大，等等。为了养强群，使蜜蜂健康少生病，务必要向国外养蜂者那样，一个季度或一个流蜜期只取1～2次蜜，取成熟蜜，留足饲料蜜，不进行人工补喂，提早留出蜜脾用于越冬。这种足食养蜂有利于蜜蜂健康，有利于繁殖。

足食养蜂，又称为“富养蜂”或“健康养蜂”，要始终保持巢内有足够的饲料，从长远来看能保持蜂群健康，保持繁殖，保持强群，多收益，产值高。

（二）防暑降温，减轻蜜蜂维持巢温的劳动强度

蜜蜂对温度十分敏感，温度是影响蜜蜂最大的外因。“低温增寿，高温减寿”在实践中已被证实。高温炎热的夏天，蜜蜂为了维持正常巢温和湿度，昼夜扇风降温、采水进巢。高强度的劳作会促

使蜜蜂早衰、缩短寿命、增加死亡率，如繁殖跟不上会造成“夏衰”。应当给蜂群遮阳降温、保持良好通风、及时供水，以减轻蜜蜂的劳动负担，帮助维持好稳定的巢温，以利蜂群持续繁殖。

人工帮助蜜蜂防暑降温要讲究科学性，要根据社会性生存和繁衍的蜜蜂群体的生物学特性施加管理措施，不能凭主观想象去做。以帮助蜂群通风为例，初学养蜂者不是适度通风，而是采取大开巢箱、抬高箱盖、揭开盖布、错开箱体、拉开框距等所谓的“大通风”。其结果适得其反，这会严重地破坏蜂群集体防暑降温体系，影响卵的孵化、幼虫的生长发育，使弱蜂、残蜂（卷翅病）、短命蜂的比例增加。

为了进一步证实“大通风”的弊端，作者于2006年7月27日至8月17日进行了对比试验。8月17日开箱观测结果：“大通风”的14框蜂的4号群，副盖上的铁纱面积为558cm^2（31cm×18cm），被蜜蜂涂上蜂胶的部分占整个铁纱面积的34.30%，而非“大通风”的1、2、3号群，群势与4号群基本相同，铁纱上涂蜂胶的面积平均每群仅91cm^2，占铁纱面积的5.7%。4号群被涂蜂胶的面积是1～3号群平均值的6倍以上。不仅如此，4号群群势下降为12.5框蜂，下降率为10.71%，对照的1～3号群平均减少0.4框蜂，下降率仅2.86%（李位三，2006）。

好心帮助蜜蜂“大通风”，蜜蜂并不感谢你。事实告诉人们，蜜蜂不喜欢“大通风”，不得已用蜂胶堵塞了铁纱孔，达到保温保湿的“自我保护”目的，努力恢复正常的巢温（34～35℃）和巢湿。在炎热高温的日子，适当帮助蜂群防暑降温是对的，但不能过度，不是通风越大越好。要调整防暑降温的思路和做法，要适度，勿过度。

（三）低温、弱光延长越冬蜂的生理青春期

低温、弱光甚至在暗室内，越冬蜜蜂能保持安静，能量消耗少，腺体和体细胞衰老的慢，其生理青春期可以适当延长。北方蜜蜂能耐过数月的越冬期即是很好的说明。根据不同地区气温的差别，合理包扎越冬蜂群。如长江、黄河地区，只要有4～6框蜂的

蜂群，简单包装就可越冬，要防止包装过厚，箱内无空隙，一旦气温稍有回升，蜜蜂使出巢飞游，不仅增加了食物消耗，而且会导致早衰，增加死亡率。试验证明：足食强群在室外越冬，蜜蜂能忍受－40℃的严寒，安全活到春天。

蜂箱置于弱光下有利于蜜蜂生息。平时要避免强光直接照射蜂箱，要有遮挡，不然会引起蜜蜂不安。冬季蜂箱放在暗室（保持暗光的房屋）越冬，或在弱光处放置蜂群越冬（中部地区），蜜蜂损失少。作者1992年12月底在山区遇到由于气温回升到12℃以上，在阳光照射下的数十群越冬蜂群，蜜蜂大量出巢飞翔，数天后死蜂遍地，损失严重。养蜂者误认为将越冬蜂群放在空旷场地有阳光照射会使蜜蜂不受冻，安全越冬。接受这次教训，蜂农很快把蜂群迁至背阴处，使蜜蜂转入安静状态。

中蜂的生活习性之一是喜暗，对光线比意蜂更敏感。1982年9月，作者通过对皖西山区中蜂生境的调查发现，弱光下中锋比强光下中锋的群势强。一位定地养10多群中锋的农民，其中有两群桶养的中蜂，置于光线极暗的屋内饲养，查看蜂群必须用手电筒照明，群势特别强盛，蜜蜂充满2个套接的蜂桶，足足有3万～4万只，相当于箱养的12～13框中蜂。而在室外饲养的8群中蜂，只有4～5框蜂、多的7～8框蜂的群势。

不管是意蜂还是中蜂，蜂箱置于弱光下有利于蜜蜂生息和繁衍。无遮挡强光下定地饲养的蜜蜂，会表现不安，中蜂易逃遁。但也不能置于终年不见阳光（尤其是意蜂）的黑暗潮湿处，太过阴暗潮湿，有使蜜蜂生病（如白垩病、下痢病和“爬蜂病”）之患。定地养蜂放置蜂群的场地，要求有遮挡的弱光照射，干燥而不潮湿为宜。

（四）缩短低效繁殖和生产时间，延长蜜蜂寿命

早春内外条件差，切忌过早奖励繁殖。一般掌握在气温回升并稳定，当地有零星蜜粉源出现，蜂王已自然开始繁殖产卵时，进行少量食物奖励繁殖。否则会适得其反，不仅培育不出大量的健康幼蜂，而且“催老”了过冬的蜜蜂，缩短了其寿命，出现“早衰”。

控制过早繁殖，是为了保存和有效利用过冬蜂，让蜂群安全渡过新老蜂交替期。秋季繁殖越冬蜂也应掌握繁殖时期，秋天应适时结束“秋繁”，不能因蜂王所产少量卵、培育少量蜂，而拖老大批的青幼年和成年越冬蜂。

据了解，不少养蜂者在秋季蜜粉源逐渐减少、气温下降、蜂群逐渐变弱的情况下，仍坚持低效的繁殖和生产，这会得不偿失。内外因条件不好时，应果断扣王停止繁殖，终止蜂王浆生产，让蜂群顺利转入越冬前的准备，培养适龄越冬蜂。给蜂群饲喂越冬饲料，最好提供成熟蜜脾，并及时开展治螨等工作，不能为了生产少量蜂王浆，误了繁殖越冬蜂，这又会给明春繁殖带来不利的影响。

总之，养蜂生产不能打“消耗战”，不要以低产量、低效益坚持生产，缩短蜜蜂寿命，促使蜜蜂提前衰老，这不利于保存蜂群实力和进行下一步的生产安排。

（五）减少人为干扰和折腾，防止蜜蜂“未老先衰”

和国外养蜂相比，我国养蜂者对蜜蜂的干扰太多了，不利于蜜蜂的生息和繁殖。可以说缩短蜜蜂寿命的第一“杀手”，是掠夺性生产。1～2 天取蜜 1 次，2～3 天开箱提脾移虫取浆 1 次，给予蜜蜂安静生息的时间太少了。每次取蜜喷烟、提脾抖蜂、调整巢脾，闹得蜜蜂全群不得安宁。我国的养蜂生产模式，是勤取蜜、取稀蜜，每次基本取净，很少留“口粮”。这种生产方式折腾得蜜蜂早衰早亡，使得蜜蜂有效利用时间大大减少。

养蜂者对蜂群进行干扰、折腾的第二个问题是频繁的长途转地放蜂，“追花夺蜜”。国外人放蜂每年只转地 1～2 次，而我国养蜂者为了夺高产，转地放蜂 4～5 次，高的可达 6～7 次。每次长途放蜂都会让蜜蜂生一场“大病”，繁殖受影响、蜜蜂受伤害。每次长途转地损失蜜蜂可达 1%～3%，有人估计炎热和交通工具解决不好的情况下，蜜蜂损失率可达到 10%左右（包括飞逃的），有的全群覆没。特别是老龄蜂衰亡、幼虫失去护理而死是常见的事，还可看到长途转地的蜂群，下车进入场地第二天，便出现死蜂，伤蜂遍地，养蜂者心疼落泪。

要改变人为干扰和折腾蜜蜂，避免使蜜蜂“未老先衰”，必须改变生产方式，恢复自然成熟蜜生产，减少开箱提脾次数，多给蜜蜂“休养生息”的时间，不使蜜蜂处于不安和紧张状态之下而“过劳死”。给蜂群“休养生息”的时间不是浪费，要知道一个具有强大生命力的蜜蜂群体，比群势弱、疲劳、受干扰严重的蜂群产量要高、效益要好。

要改变频频长途转地放蜂的生产管理方式，全面推进利用蜜蜂为农作物授粉，植树造林、退耕还林还草、改善生态环境等一系列措施的落实，使蜜粉源资源日益增加，养蜂者可以逐步实现定地养蜂或定地结合小转地养蜂，有效地保护蜜蜂生产和蜜蜂授粉，防止蜂病的扩散和蔓延。减少疾病、减少用药，防止污染和药害，养健康蜜蜂，有利于我国蜂业的绿色发展提质增效。

还有一个问题值得养蜂者注意。对蜜蜂干扰多，特别是缺蜜季节，给饲越冬饲料和多次奖饲，会刺激蜜蜂出巢无效空飞，漫天飞舞的时间长达 20～30min。这种无效空飞，不仅消耗了饲料，更重要的是会促使蜜蜂早衰，尤其在春季和晚秋气温低时，空飞的蜜蜂会冻僵在野外不能返巢。养蜂者常常忽落这一现象。据对一次秋季补饲引起蜜蜂大量空飞统计，在视力可及的范围内，竟有数百只蜜蜂落地，冻僵或衰竭而死。多次饲喂损失更多。

蜜蜂空飞是人为造成的，蜜蜂很“节约”时间和体能，自己不会无缘无故地在空中飞舞，除非发生自然分蜂或青年蜂试飞。正常情况下，流蜜期有秩序地出巢采访，无蜜期安静度过困难时期，不会经常出现空飞现象。在山区多次观察山洞、树洞里的野生中蜂，巢门很安静，从没发现有大量的蜜蜂空飞。

为了防止干扰蜜蜂，减少空飞，平时不要随意开箱检查，补饲要 1～2 次喂足，切忌少量多次饲喂；补饲或奖饲在傍晚进行，改变勤取蜜、取稀蜜的习惯，越冬饲料最好喂成熟蜜或整蜜脾，尽量少惊动和刺激蜜蜂，防止空飞导致蜜蜂生理机能早衰。

（六）留足饲料延长蜜蜂寿命

现在我国养蜂者在蜂群饲料特别是越冬饲料的选留方面形成一

种不成文的模式：生产期大量取蜜，秋末喂糖越冬。有的在秋季流蜜期内，取完巢内所有蜂蜜，到秋季以“白糖代替蜜脾”喂蜂。为何不留蜂蜜和整蜜脾作为越冬饲料呢？又为何在非生产季节也要取完巢内蜂蜜，遇到阴雨天“断炊”又喂白糖呢？原因是经济考虑，喂糖经济，节省的蜂蜜可出售赚钱。

这种“以糖代蜜”作为越冬饲料和平时缺食时饲喂的做法，有一些弊病：喂糖易引起盗蜂；煮糖增加工作量和浪费燃料；喂糖会引起蜜蜂兴奋，出巢飞翔，增加了饲料消耗；由于蜜蜂活动量增加衰老快，减少了越冬适龄蜂的比例，改变了蜂群年龄结构；白糖作为越冬饲料喂蜂，营养单一，没有蜂蜜的营养成分全面。从经济角度考虑，白糖价格不低，加上煮沸和蜜蜂采食转化造成的浪费，综合分析并不划算。不如用蜂蜜或留蜜脾作越冬饲料，既安全，又营养，有利于蜜蜂健康，有利于延长蜜蜂寿命。可以肯定饲喂蜂蜜或留蜜脾当作越冬饲料所取得的效果，是用纯粹的双糖（蔗糖）喂蜂不能相比的。

第二章 加强蜂群健康管理

我国蜂业走绿色发展之路，使蜜蜂少生病，健康繁殖生息，就要推行健康养殖，全面实施健康管理，改变不科学的管理办法，采取控制内因和改善外因相结合的管理措施，清除导致蜜蜂不健康的土壤和条件。研究影响蜜蜂健康的主要因素，找出发病规律，才能积极地有针对性地加强蜂群健康管理。

第一节 我国蜜蜂多病的根源

我国蜜蜂多病、死亡率高的现象，是由显性和隐性的多种因素所致，不是某一种原因造成的。首先是多种疾病的危害，如细菌、病毒、体内外寄生虫等病原引发的重大疾病，影响和肆虐着蜜蜂的生存和繁殖。不少养蜂发达的国家和地区，所养蜜蜂很少生病，疾病种类也很少，有的国家蜜蜂病害只有 1～2 种，澳大利亚为世界无蜂螨国家之一。而我国蜜蜂病虫害竟达 50 种以上，其中传染性和非传染性主要疾病有 30 多种，长期危害蜂群的蜂病有 12 种之多。病虫害多是影响蜜蜂健康的重要原因之一，使蜜蜂体弱多病、衰弱死亡。

我国蜜蜂群势不强，生产群也只加一个继箱，非生产期不少为平箱养殖。弱群对疾病抵抗力很弱，经不起疾病和蜂螨的折腾。

我国养蜂保持多种蜂产品生产，这是我国养蜂生产的优势，但管理不好也带来一些副作用。在生产中追求产量，检查勤、取蜜勤、多取稀蜜，常转地放蜂“追花夺蜜”，频频放浆框增加王台数等高强度掠夺式生产模式，使蜜蜂常年处于高度紧张、高度付出营养和能量的状态。尤其是蜂王浆生产量大、生产时间长，使蜜蜂的营养超负荷支出，营养水平下降使蜜蜂健康直接受到影响。特别是外界蜜粉源植物单一、不足的情况下，蜜蜂的营养状况更不良。繁重的生产期过后，秋末蜜蜂大量死亡，有的蜂场蜂群群势下降30%～50%，有的达60%～80%（2015年）。高强度生产，蜜蜂群势衰减，超负荷支付，造成蜜蜂早衰早亡。

环境污染会对蜜蜂造成致命的影响。工业废水、废气的排放，农业生产中农药、化肥、除草剂的大量使用，生活垃圾和人们的活动影响、干扰，导致蜜蜂生存环境恶化，蜜蜂被毒死或慢性中毒的事件时有发生，蜂群的生存繁衍受到威胁。

我国养蜂管理模式不佳，直接影响蜜蜂的健康，增加了生病早衰的机会和可能。管理上的一些问题，如勤取蜜、多取蜜、不留饲料蜜，既增加劳动强度又对蜜蜂形成干扰；蜜粉源不足和越冬期以糖代蜜，以大豆粉取代药物，养蜂者切记自然成熟蜜和自然花粉是蜜蜂的最好食粮，是不可取代的。因营养不全、不足导致蜜蜂健康状态不佳；平时不重视蜂病的预防，发生疾病后"乱投医"、乱用药、滥用药，使蜜蜂深度药害，生理机能紊乱或减退。

综上所述，我国蜂群不健康、蜜蜂多病是由生境不良、环境（包括空气）受到污染、疾病肆虐、各种药害、掠夺或生产、营养缺失和不科学的管理等造成的。

第二节　蜜蜂增健防病的措施

在蜜蜂的健康管理方面，我国与养蜂发达国家相比存在一定的差距。有比较才能有提高，认识到差距才能有"洋为中用"的吸收。要摆脱"固步自封"的思想枷锁。为了养好蜜蜂，养健康蜂群，使之少生病或不生病，保持壮群生息和健康繁殖，笔者针对我国养蜂管理的实际情况，提出以下几方面问题加以探讨。有些管理问题是对我国养蜂管理经验的再认识和强调。

一、养强群是增强抗病能力的基础

饲养强群、维护强群，不仅是取得高产高效益的基础，也是增强蜜蜂抗逆抗病能力的基础，是蜂群健康延寿的重要条件。通常我国养蜂者在流蜜期的生产群，只加一个继箱，大约有蜜蜂个体3万只左右，有12～14框蜂，好的也不超过14～16框蜂，称为双箱体生产群。非生产期则单箱繁殖。

养蜂发达的国家和地区，培养强群、维持强群，用于采蜜的生产群一般加2～3个继箱，蜂量能达到25框蜂以上，称为多箱体养蜂，巢箱繁殖、继箱取蜜，取自然成熟蜜。

强群少生病，产量高。强群蜜蜂个体多，一个强群足有6万～8万只蜜蜂，投入生产劳动的工蜂多，产量高；另一方面蜂多密集，对蜂巢、巢脾有很强的保护能力，护脾清巢能力弱，对外界不良因子有较强的抵御和应变能力，能有效地防病抗病，减少疾病的发生和蔓延传播，炎夏和低温的早春，由于群势强、护脾保温好，有较强的调节巢温巢湿的能力，可培育出健壮的幼蜂，弱蜂、残蜂极少或没有。弱群则做不到这些，正如有经验的养蜂者说："强群峰好养""强群少生病，弱群易生灾"即是这个道理。

作者2003—2004年饲养的试验蜂群中，13～14框蜂的强群有15群，除了有轻度螨害外，没有出现疾病；而在同一蜂场内的10框蜂以下的弱群（生产期时属于弱群）有11群患蜜蜂白垩病，接踵发生"爬蜂病"和拖子现象的蜂群占36%之多。在我国，一个蜂场的强群要占绝对多数的优势，在生产期10框蜂以下的群最好控制在1%～2%，不能超过3%～4%，才能取得好的经济效益和保持健康生产的群体基数。"强群出效益""强群保健康"，这是国外养蜂者也是我国有经验的养蜂者的共同感悟。养蜂夺高产，一定规模的蜂群数量是重要条件，但更重要的是有高质量的强群，这也是实现蜂业绿色发展的基础。

二、取成熟蜜有利于巢内小生态环境稳定

养强群取成熟蜜是获得优质高效的措施，也是国外养蜂生产中一个很突出的特点。这也应是我国蜂业生产向外国学习，恢复自然成熟蜜生产的生产模式。采取多箱体养蜂，巢箱繁殖、继箱取蜜。

在生产期继箱贮蜜封盖为成熟蜜，用空继箱换下已贮蜜继箱集中取蜜，不零星分散取蜜，不取未封盖的蜂蜜，也不取巢箱内的蜂蜜，真正做到“足食繁殖”，生病少、繁殖快的“富养蜂”。

集中取蜜，取成熟蜜，开箱子提脾少，对蜜蜂干扰少、刺激少，并且一个最大的好处是能保持巢内有良好安静的小生态环境，保持巢内温度和湿度稳定，有利于蜜蜂的生命活动：保温、酿造、饲喂、选脾、清脾等工作正常运行。这种利用蜂群内部力量维护和稳定巢内小生态环境的做法，比依靠外来力量有效得多，在早春、晚秋蜜蜂繁殖和度夏时优势更为明显，蜜蜂幼虫发育好、出房健康，弱蜂残蜂少。

我国养蜂生产者勤取蜜、取稀蜜、开箱多、提脾勤等折腾蜜蜂、破坏巢内小生态环境稳定性的做法，应该逐步改变。减少对蜂群的干扰，生产成熟蜜，停止取稀蜜，不仅仅是为了向广大消费者提供优质放心的蜂产品，也是保持蜜蜂健康繁殖和生息、提高养蜂生产效益的有效途径。有了好的环境，蜜蜂才能安静生息繁殖，才能少生病或者不生病，健康发展。

三、注重“轮休”保存蜜蜂实力

充分利用蜜蜂的一生，挖掘其生产潜力，让蜜蜂超负荷劳动带来高产量，获得高收入，是我国蜂农的生产特点，但从蜂业整体效益和长远来说得不偿失。从蜜蜂生理功能角度来认识分析，这种高强度的生产，会使蜂体营养消耗过多过快，生理机能过早衰退，蜜蜂体质减弱，抗病抗逆力下降，寿命缩短，难于长期维持强群，影响总体生产效率。对于寿命短暂蜜蜂来说，寿命长短与劳动强度、营养多寡，营养腺等腺体的衰老快慢密切相关。

欧洲一些国家很注重生产成熟蜜，“崇尚自然”，关注蜜蜂“福利”，统筹安排蜂群分期分批“轮休”，即让一部分蜂群以自身繁殖为主，达到恢复群势的目的，定期补充生产群进行蜂产品生产和为农作物授粉工作。让原生产群蜜蜂转入“轮休”进行自身繁殖恢复群势，不断地以这种“静养生息”方式，增加群势。据报道，阿根廷苏珊娜蜂场等，根据本国当地气候和养蜂条件，安排3～8月期间给蜂群一个“休整期”，靠适当人工饲喂加外界蜜粉源进行“轮休”。

针对我国养蜂生产的特点和外界条件，是否开展蜂群“轮休”值得商榷研究。鉴于蜂农生产习惯和经济收入状况，改变获得高产的生产模式，暂时还有困难，蜂农不易接受“轮休”安排。但考虑适当改变和减轻掠夺式生产程度是可行的。蜂王浆生产是高产出项目（中原地区一年中有7～8个月的产浆期），到了10月至11月上旬，有的地区气温下降，又很少蜜粉源了，相应地蜜蜂繁殖力低，群势开始减弱，还采取人工饲喂糖浆和花粉的办法坚持生产其实并不划算。实际上延长生产期是不经济的，有时得不偿失，往往是以牺牲大批蜜蜂本身、消耗饲料、严重影响越冬蜂培育为代价，换来小的经济收入，很不划算。延长生产期的蜂群超负荷劳动，体质差、寿命缩短，往往出现“秋衰”，给培养大批适龄越冬蜂带来困难。不如按时结束生产，给蜜蜂以“休养生息”的机会和时间，以利于繁殖越冬蜂安全越冬和翌年早春的繁殖。

四、减少使用化学药物，避免对蜜蜂产生“药害”

我国蜜蜂病虫害多，尤其是传染性疾病多，防治用药种类甚多。据作者2002年对安徽省防治蜂病情况的调查，用药多达24种左右，有些地区竟达30种之多。俗话说：“是药三分毒”特别是长期使用化学药物、过量用药，无病时用药预防，给小小蜜蜂带来药害，导致蜂产品“药残”等不良后果。

频频施药，药物进入蜂体，不仅造成蜜蜂器官、组织、细胞的生理机能紊乱，而且杀伤了蜂体内的有益细菌，破坏了有益细菌菌落的防病屏障。导致蜜蜂免疫力下降，病原容易入侵引发疾病。给一个健康的蜂群、过多用药，轻者产生耐药性，使药效减弱；重者承受“药害”，严重的可导致蜜蜂慢性药物中毒。这是蜜蜂多病、易病的一个深层次的原因。

鉴于此，要更新防治蜂病观念，要改变过量用药、频频用药的不良习惯，防治蜂病绝不能完全依赖药物，要立足于预防。法国养蜂者，可做到5年更换一次巢脾，10年更换一次蜂箱，对蜂箱、蜂具、蜂场进行定期消毒。他们有很强的环保意识，即使主管部门不检查，也十分注意环境保护和蜂产品安全。例如，用冰库保存巢脾，不用冰醋酸或升华硫熏脾灭螟；用吹风机脱蜂取代熏烟剂驱蜂等，很注意减少污染，从不轻易使用药物。

五、用成熟蜜作越冬饲料，保健又安全

国外养蜂者都是用自然成熟蜜作为越冬饲料。成熟蜜是蜜蜂越冬的重要条件和物质保障，法国等国家每一个越冬群要留15kg蜂蜜或蜜脾作为越冬饲料。

用蜜脾或蜂蜜作越冬饲料，营养又安全。晚秋喂白糖虽然蜜蜂也能酿成封盖成熟蜜，蜜蜂采食此种“蜂蜜”也能越冬，但会带来不少弊端。

（1）喂白糖让蜜蜂转化成“蜂蜜”，是以一批蜜蜂衰老和早亡为代价的。供应糖浆让蜜蜂采食酿制，会导致蜜蜂过劳早衰、死亡，会促使蜜蜂兴奋狂飞，整群不得安宁，并且增加了饲料的消耗，有人估计糖转化为蜜，饲料损失2%～5%。

（2）白糖营养成分单一，绝大部分是双糖，最后转化为单糖（果糖和葡萄糖），和成熟蜜无法相比，成熟蜜含水量一般在2%以下，蜜蜂可直接吸收，有利于越冬能量的顺利供应。此外，成熟蜜含有蛋白质、氨基酸、脂肪、微量元素和多种酶类，是保障蜜蜂健康不可缺少的营养成分。蜂蜜营养全面丰富，作越冬饲料十分安全。特别是越冬期长的地区（北部省份），更需要以成熟蜜作越冬饲料。正如陈渊指出的那样：“我国北方饲养的蜜蜂，如果没有成熟蜜，是绝对过不了冬季的”，说明自然成熟蜜对越冬的重要性。蜜蜂越冬不光需要能量，产生热量，还要维护蜂体生理上的需要，保证其体质健康。

（3）喂白糖会使翌年的春繁受影响。试验证实：用成熟蜜作越冬饲料，比用糖作越冬饲料安全，表现在以下方面：一是弱蜂、残

蜂少，下痢病发生少，越冬死亡率减少10%～15%；二是秋季饲喂糖浆易发生盗蜂，用蜜脾作越冬饲料不会发生盗蜂，安全性高；三是用蜜脾或成熟蜜作越冬饲料，营养全面，到翌年早春蜜蜂健康、繁殖快、哺育力强，幼蜂发育好，群势复壮迅速。

六、置蜂群于良好自然环境，减少蜂病发生

澳大利亚、巴西、法国等养蜂比较发达的国家，非常重视养蜂自然环境和蜜蜂生存条件的选择，把蜂场或放蜂点安置在植物繁茂、植被完整、水源优良、空气新鲜、阳光充足、人畜干扰少、无污染源的地方，特别是没有任何化学农药污染的草场和人烟稀少的场地，生产出来的蜂蜜是纯天然的有机蜂蜜。我国的养蜂者对自然环境要求不严，预防意识不高。有的把蜂场安置在尘土飞扬的公路、铁路两旁，有的放在垃圾场、屠宰场及有污染源的集镇、村庄附近，给病原的传播提供了条件，给蜜蜂健康埋下隐患。在污浊的自然环境里，不仅蜜蜂多生病，而且生产出来的蜂产品（特别是露天操作）受到包括化学物质、病原、尘埃在内的污染。环境不好、管理不佳，也是造成病原传播，蜜蜂多生病的原因之一。在对放置蜂群的场地选择问题上，养蜂者多考虑交通方便，有利于蜂群的搬动转移；多考虑靠近蜜粉源能多取蜜，而忽视洁净生产问题。应该做到在条件相同或相似的情况下，首先考虑生态问题，把防止污染放在第一位。在油菜流蜜期，大地一片金黄，能容纳许多蜂群采蜜授粉。但养蜂者为了生产方便把蜂群放置在公路沿线，而距离公路远些地方无蜂进去，造成公路两边蜂群摆放过密，而距公路稍远的地方蜂群密度很低，有一些较偏的地方无蜂采集授粉

据作者多年粗略调查统计：有40%～50%的蜂群安置在交通沿线，尤其是公路旁或邻近公路处，受到的危害是尘土，病原菌的传播；有30%～40%的蜂群为了安全，安置在村庄、集镇等人、畜多的地方，污水多、垃圾多、干扰多，特别是死水塘水质浑浊，污染严重。蜜蜂受到严重干扰，蜇人蜇畜事件时有发生，更重要的是蜂产品受到污染，蜜蜂采集含有农药、化肥和其他污染物的死水

塘的水，引起慢性中毒（生物富集作用而致）。只有10%～20%的蜂群安置于树林中、草地上或者田间小路，受到的污染、干扰少。我国养蜂者的生态环境保护意识有待提高，应当把防污染、环境保护的红线贯穿到养蜂全过程。

第三节　减少污染危害

为保障我国蜂业绿色发展，必须贯彻防治结合、以防为主的方针。要从过去消极、被动防治蜂病，转为“未病先防”的积极主动预防战略上来。环境污染和人为给药污染是影响蜜蜂健康长寿的原因之一。特别是环境污染，危害性大，而蜂业界可控性甚小；人为给药和不科学管理带来的污染，通过环境保护意识的提高，采取多方面措施，可以减少污染危害程度。

近年来，我国提出绿色发展新理念，给各业特别是对自然环境条件依赖性较大的蜂业，带来了很大的发展机遇。国家采取多种有效措施，加强环境保护工作，植树造林，绿化荒山坡地，退耕还林还草，保护湿地，保护水源，减少污染，改善生产和人居条件。一改过去重视和追求经济效益，忽视生态效益的倾向。理念的改变加上政策助推，给蜂业绿色发展，获得更多的绿色蜂产品和为农作物全面授粉创造了优良环境和条件。

环保优先，绿色发展，内外污染少了，蜂病少了，蜂业发展就快了，蜜蜂给人们提供的蜂产品会更多更好。

一、污染的种类

就我国蜂业生产而论，对蜂业构成污染的有化学污染、生物污染和放射性污染三大类。造成严重不良影响的是化学污染，其次是生物污染。放射性污染也存在，但不是主要的。

（一）化学性污染

化学性污染物种类很多、来源广泛，污染渠道复杂，它与农业、林业和工业有很大的关联性，与人们的生活等密切相关。特别是近十年左右，农药、兽药（蜂药）以及药物添加剂的滥用和过量施用（化学药剂和抗生素、除草剂等）；工业“三废”不合理排放和人们生活废水、垃圾不经处理或处理不及时、不科学，使环境受到严重污染。这些都会使蜜蜂受害，导致蜂产品中有毒有害物质残留超标。

化学污染中，以施用的农药、化肥最为严重。农药施用后其母体、衍生物、代谢物、降解物等在环境、动物、植物和农产品（蜂产品）中残留。据分析，农田施用的农药有90%散布到周围环境，施用的化肥有30%～40%作物没有利用，留存于田间或通过雨水流入水体，使蜜蜂的食物和饮水遭到污染。666、DDT、毒杀芬、氯丹、狄氏剂等有机氯农药化学性质稳定，在环境中不易分解，半衰期长，给蜜蜂等生物和人类造成很大的安全隐患。

兽药（蜂药）的污染亦不可小视。养蜂生产中大量使用化学制剂、抗生素等造成对蜜蜂的直接危害，导致蜂产品中药物残留。据检测蜂蜜等蜂产品中残留的兽药主要是抗生素、磺胺类、抗寄生虫药以及杀螨药等。可以说不科学、不合理使用蜂药防治蜂病是污染的另一个来源。

（二）生物性污染

对蜂业污染较大的还有微生物污染和寄生虫污染。主要包括致病细菌以及毒素、真菌及其毒素、病毒、霉菌、蜂螨和其他螨类以及马氏管变形虫、孢子虫等寄宿，给蜜蜂的健康造成很大威胁，可引发多种疾病，并使蜂产品受到污染（药残）。

在养蜂生产过程中和蜂产品运输、加工过程中，也可能有灰尘、异物混入，造成非化学性和非生物性的污染。

二、污染的途径

蜜蜂受到污染，主要通过采集食物（被污染的花粉、花蜜以及饮水等）和食物链生物富集作用以及人们防治蜂病时给药污染三种途径。但就受到污染的过程和方式可分为“显性污染”和“隐性污染”。平时人们只注意“显性污染”的危害，而忽略“隐形污染”的危害。

（一）显性污染

农业生产中施用的大量农药、化肥以及除草剂等，会造成环境、土地、植物（农作物、果树、林木等）严重污染，而蜜蜂采集受污染的食物、饮水，接触植物、土壤导致直接受害，这些“显性污染”，给蜜蜂安全带来很大的威胁，轻者群势减弱或蜜蜂中毒而失去采集、酿造、饲喂能力，使蜂群的生产力下降；严重的可导致蜜蜂大批死亡。

另一种显性污染是防治蜂病，对用药过量造成蜂产品内“药残”超标，对蜜蜂个体产生“药害”，直接污染蜂体和蜂产品。尤其是化学药品和抗生素药物影响更大，如有机氯类药物，不易降解，能构成较长期的危害和对产品的污染。

养蜂者必须重视防止，施用农药、化肥和防治蜂病用药这些显性污染。这种显性污染的危害，已引起农业部门和蜂业界的高度关注，并采取了预防措施。蜂群是蜂农的生产资料，保护蜂群就是保护蜂农的利益。随着宣传政策的落实，对养蜂作用认识的提高，蜜蜂中毒现象逐渐减少。尤其是规定对大量施用农药造成的蜜蜂被毒死事故要追究责任，有力地保护了蜜蜂和蜂农。

防止蜜蜂农约中毒一个根本的办法，就是重视绿色植保的研究，既可防治农作物病虫害，又能保障蜜蜂的安全，以解决喷施农药与养蜂生产、蜜蜂授粉之间的矛盾。解决的办法是生产部门间的沟通协作，农业部门安排农民进行病虫害防治工作时，而要考虑蜜蜂的安全问题。要把种植业、林业、养殖业和蜂业间统一起来，统筹安排和布置，使喷施农药和预防毒死蜜蜂问题能得到妥善解决。而养蜂人员在防治蜂病既要科学用药，推广绿色蜂保，使“以防为主”“重在预防”的方针能以较好地体现。

（二）隐性污染

在蜜蜂受到的污染威胁中，有一种人们常常忽视的问题即隐性污染危害，它不像前面所讲的农药导致蜜蜂中毒事件具有暴露性，其具有隐蔽性，长期性危及蜜蜂的安全。隐性污染的根源是蜜蜂的生物富集作用。在谈到农药、化肥、蜂药等对蜜蜂造成危害时，不能不涉及蜜蜂对污染物的生物富集作用，也可以说是蜜蜂“亚健康”、易生病的深层原因之一。所谓“深层次”即不易被发觉和观察到。

我国是全球土壤污染最严重的国家之一，这种隐匿于土壤植物、水体等的污染物，使蜜蜂等生物受到巨大的威胁。

化学制剂进入蜜蜂体内有三种渠道（如下图），即农业施用的大量农药、化肥、除草剂，工业排放的“三废”和防治蜂病的蜂药，污染了农田、土壤、环境和水体。污染物被植物（作物）根部吸收，进入植物体，尤其进入营养成分较集中的生殖系统内，花蜜、花粉内皆含有污染物，经过蜜蜂广泛采集，花蜜、花粉进入蜂体；另外雨水冲刷使污染物随水流进入水体（水沟、池塘、河流、水库）随着蜜蜂饮水带进蜂巢，成为蜜蜂生理用水和调节巢内湿度的生活用水；而被污染的花蜜、花粉除食用外，贮存在蜂巢内对蜜蜂造成长期危害。防治蜂病时不科学用药，药物直接作用于蜂体或被蜜蜂采食进入蜂体，不仅使蜂体组织器官甚至细胞受到严重的药害，而且会导致蜂产品中农药残留。

可以说污染物的生物富集已成为蜜蜂最危险的“隐性污染”，是危害蜂群的根源之一。不少养蜂者不重视蜜蜂饮水问题，认为蜂场周围只要有水就可以满足蜜蜂对水的需要。要知道池塘、水沟、甚至河流的水被污染的程度很大，污染物很复杂。有随雨水流入的化肥、农药，有地表尘埃携带大量病原菌落入，有植物的腐殖质，有生活垃圾和工业废水废物的进入，有动物尸体和粪便混入等，不仅有污染物，还有很多的病毒、细菌、真菌以及原生物繁殖和存在。蜜蜂采饮这些污染严重的水，是导致发病的重要原因之一。

蜂场周围的清洁水源，如流动的河水、山涧流动的小溪、未污染的大型水库、湖泊作为蜜蜂饮水是可以的。如果没有这些条件，一定要在蜂场设置饮水器，以防农药、化肥、病原菌随饮水进入蜂体。

农药、化肥、除草剂和蜂药等成分进入蜜蜂身体，由少聚多富集起来，达到一定浓度时，会影响蜂体的生理功能导致蜜蜂慢性中毒，轻者抗病力降低、体弱；重者体能衰退，以至寿命缩短，衰竭而死（图 1-13）。

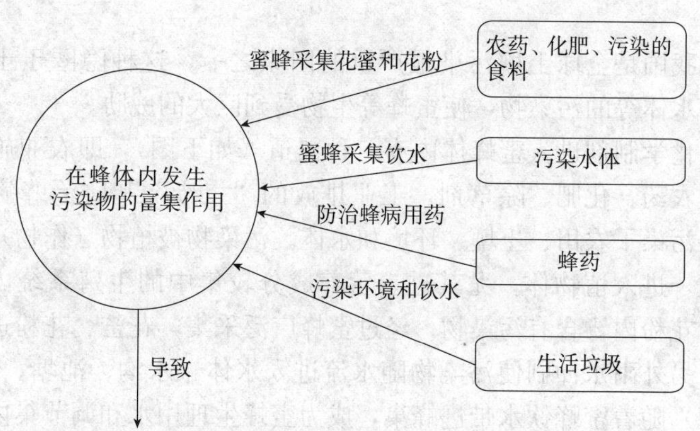

图 1-13　化学污染物进入蜂体的渠道和蜂体内富集作用

受生物富集作用危害的蜜蜂，不会立即死去，但由于“药害”的威胁，最终也逃脱不了致残致亡。凡是环境污染的地区，蜜蜂从外界采蜜、采粉、采水，都会发生生物富集作用。养蜂者千万不能忽视，生物富集作用对蜜蜂所产生的“隐性危害”必须积极防范。

三、加强管理预防污染

保障蜜蜂健康，不生病、少生病，必须立足于“预防”。污染物导致蜜蜂中毒时才抢救效果往往不甚理想。蜜蜂严重污染性中毒时，死亡量大、死亡迅速，来不及施药抢救。即使是慢性中毒，生物富集作用导致蜜蜂陆续衰亡，治疗也有很大的困难，因为体小的蜜蜂耐药性弱、抗药害能力差。基于这些原因，必须积极预防，减少和杜绝污染性危害。预防污染，防止发生疾病，必须从平时的管理做起。

（一）避免产生耐药性

养强群，足食养蜂，增强蜜蜂体质，使其少生病、少用药。防治蜂病用药时选择不易形成“药残”、不会或很少产生“药害”的药物。较长期频繁使用某种药物（如化学药物类）病原体会产生耐药性，使疗效降低。为此，必须定期更换药物，特别是疗效不佳的药物，以避免低效药物污染蜂群。

养蜂者在防治蜂病用药方面，要注意三个问题：①不要使用禁用的药物，严防污染；②不要滥用、乱用药物，防止蜜蜂产生药害；③不要总是用一两种药物治病，防止病原体产生抗药性，失去对药物的敏感性，降低疗效。

近几年来，作者参加一些业务会议和接到一些咨询电话，养蜂者反映螨扑（挂片）治螨效果不好，"用量多，蜂螨照旧疯狂""长期使用，蜂螨也压不下去"，有的说"开始有效，以后再用就无效了，可能是质量问题"，等等。

螨扑（挂片）是允许使用的药剂，养蜂者使用普遍，它杀螨好、速效，使用方法简单方便，一般不会产生药残和污染。而现在不少养蜂者认为螨扑杀螨效果差，分析原因可能有两个方面的问题：①螨扑存在质量问题，要从有资质的正规渠道购买。②使用不科学。据调查了解，螨扑使用量大、使用时间长，有的养蜂者全年挂片从不取出，落螨却很少或不落螨。

螨扑用量大，长期挂在箱内，蜂螨，产生了抗药性，对螨扑不敏感使杀螨率逐渐降低，要改变用药方法。①用药要有间隔期。螨扑挂到有效期满后，及时取出，不要延长时间，更不能老片还没取出，又添新片。②交叉用药，不能老是使用某种螨扑。螨扑与其他治螨药物（如中草药、硫黄等矿物质杀螨药、抗螨甲酸熏蒸剂等）交替使用，能取到较好治螨效果。这样使用杀螨药物，不仅可避免产生抗药性，而且也可以防止产生药害，保护蜜蜂健康生存和繁殖。

（二）供应清洁饮水

如其他条件都好，只有水源少且污染重，必须解决人工供应清洁饮水的问题。特别是干旱少雨地区，蜜蜂繁殖时期需要采回大量的水，满足蜜蜂生活、繁殖的需求。在蜂群入场前，首先设置好饮水器，让蜜蜂进场定居后，很快选择饮水器作为采水目标。蜜蜂采访活动的条件反射是很强的，尤其是转地放蜂，蜂群进入场地后更是这样。

如没有事先设置好饮水器，等到蜜蜂飞往远处，以污染的水沟、水塘或工厂（场）排泄水作为采水目标，以后再想改变蜜蜂采水飞行路线是比较难的事。因此，应早设饮水器，让蜜蜂及早与饮水器建立条件反射，采集供应的清水，减少或杜绝污染物的危害预防蜂病发生。

（三）禁用来路不明的饲料

“病从口入”。供应清洁饮水是预防蜜蜂发生疾病的一个办法，另一个办法是禁用来路不清楚或已受污染的“花粉、花蜜”作为蜜蜂饲料。有经验的养蜂者，不进行掠夺性的生产，会留出饲料蜜和饲料花粉。自己生产留作饲料的蜜粉放心可靠，可避免病菌、病毒、原生动物等病原和污染物的侵入和污染。

如若因蜂场规模扩大、蜂群增加而缺少蜜蜂食物，可以购进饲料，但要注意两个问题，一是对来源明确，保证没有污染物“混入”；二是不要匆忙喂蜂，要消毒灭菌（如花粉内掺有制霉菌素或食用碱等），先进行小群试喂以防引进病原，带来后患。

（四）严格引进蜂王和蜂群

为了防止蜂病传播和蔓延，最好自育蜂王、自繁蜂群。需要引进种王时必须来自正规的育王场（所）和可靠的蜂场。购进蜂群要单独饲养管理，观察半年或数月没有问题后，才能与其他蜜蜂放置一处或用于繁殖分蜂扩大蜂群。

（五）选择性使用药物防治蜂病

避免使用化学药物、抗生素和其他易污染、产生药害的药物。选用中草药、无污染的矿物性药物（硫黄、石灰）以及用生物方法（以虫治螨、以菌治菌等）防治蜂病。中草药取材广泛，基本上不会产生“药害”和有“药残”，也不会出现耐药性，应该是推行绿色防治蜂病的首选。使用中草药需要若干味药物配伍、煎煮，这给养蜂者特别是转地放蜂者带来不便。随着制药技术的提高，“中药西制”，提取中药的有效成分，生产粉剂、颗粒剂或片剂，可方便蜂农野外放蜂时的使用。

（六）注重强群的培养

利用优质高产蜂王进行繁殖，淘汰低质低产蜂王和老王。新王产卵力强，群势发展快，这是维持强群的重要条件。但有的养蜂者年年育王、年年换王，一只蜂王只用数月或一年，这种做法不可取。优质新王可保持两年的高产期，两年后产卵能力才开始下降。

饲养强群要保证有充足的饲料，尤其是非流蜜期，外界蜜粉源不足或只有零星蜜粉源时，必须保证巢内有足够饲料。在饥饿状态下培养不出强群，常说“足食强群”就是这个道理。我国有的养蜂者采取“穷养蜂”（过量取蜜，不留或少留饲料蜜）的办法，弊多利少，饲料是节约了一些饲料，但蜜蜂繁殖变慢、群势变弱，给下一个流蜜期带来困难，蜂群没有足够的采集力，授粉力量投入生产。

饲养强群要处理好繁殖和生产的关系。流蜜期以生产为主，非流蜜期除利用辅助蜜粉源生产王浆外，集中力量抓紧繁殖，定地饲养时，采取密集群势，双王同箱繁殖，适当奖励刺激繁殖。也可以采取主副群互补措施，在流蜜期到来之前，培育出更多的生产强群，减少弱群比例。在非流蜜期足食繁殖的“投资”，不是浪费而是为流蜜期夺高产打下坚实基础。“足食繁蜂”“足食强群”，蜜蜂健康，少生病、少用药或不用药，少污染，有利于蜂群整体发展。

（七）定期消毒

养蜂要注重卫生，定期对蜂箱，蜂具和蜂场进行消毒，预防疾病的发生和蔓延，这是养蜂者必须做的事情，要建立消毒制度，养成定期消毒的习惯，改变过去发生疾病才忙于消毒的做法。一般每年春秋季各彻底消毒一次，有条件的每季消毒一次。消毒范围包括蜂场场址、运输车辆、管理用具、蜂箱、巢脾、摇蜜机以及生产王浆用具等。供蜜蜂生活、繁殖的蜂箱、巢脾是消毒重点。据报道，河北省唐山 1996 年 6 月枣花期没有使用任何药物，所生产的巢蜜化验病原菌超标 14 倍，追究其根源是巢脾受污染所致，蜂箱和巢脾是蜜蜂居住处，也是病菌繁衍之处，应是重点消毒的对象。

据分析，蜂病（传染病）传染概率：蜂场占 10%～15%，蜂具特别是巢脾占 50%左右，饲喂、合并、调整群势等管理占25%～30%，管理人员操作不符合卫生要求占 10%左右。由此可见，养蜂者必须增强消毒防病意识。

（八）做好蜜蜂病疫管控工作。

农业部公布的蜜蜂检疫对象包括：美洲幼虫腐臭病、欧洲幼虫腐臭病、蜜蜂囊状幼虫病、蜜蜂麻痹病、蜜蜂孢子虫病、蜜蜂白垩病，蜂螨（大、小蜂螨）等重大传染性蜂病。要加强检疫管理，蜂农应接受检疫。对检疫出的有病蜂群，应就地隔离治疗；严格消毒，配合药物治疗；对恶性传染病蜂群应深埋，烧毁。

（九）建立蜂群健康档案

一个规模化养蜂场，有数百群甚至上千群以上的蜂，靠脑子记忆蜂群状况是比较困难的事。为了提高蜂群管理水平，养蜂者要建立蜂群健康档案，哪怕是简易的健康档案，记录生产情况、发病群号、发病日期（季节）、病状、用药治疗情况、病愈期以及屡治不愈的原因分析等内容。勤动手，多记录，积累资料，进行分析，可能会总结出规律性现象和可借鉴的经验。例如：通过记录，发现有的蜂群不生病或病情轻，或用药后病愈，可以有意识地选择这些蜂群作为基本抗病群体，进行定向培育，可能培育出抗病强的品系。

第四节　养蜂生产消毒方法

为了防止药残造成“药害”，做到无公害绿色消毒，应多采取机械消毒、物理消毒方法，少采取或控制性采取化学消毒方法。用起刮刀刮去蜂箱、蜂具上的污物、残胶和排泄物等，再实施物理消毒或化学消毒，以保证消毒彻底、有效。以下主要介绍物理消毒方法和控制性的化学消毒方法。

一、物理消毒法

物理消毒法不会造成污染和药害，可操作性强，安全可靠，经济开支少。但有时消毒不到位，对一些病菌、病毒、原生动物杀伤力不够，留下隐患，所以消毒要仔细、不留死角。

1. 烧灼法　用火焰灼烧表面，木质蜂箱蜂具等灼烧达到木质表面呈现微黄为止，避免烧灼过度影响其坚固性。铁质蜂具可烧灼时间长些。通过烧灼可有效地杀灭病菌、病毒、芽孢、真菌以及孢子虫等，螨卵、若螨、成螨、蜡螟卵和幼虫等过火即死亡。

2. 煮沸法　对小型蜂具如起刮刀、王笼、工作服、防蛰手套可采取煮沸消毒，煮沸后维持20～30min。可杀死病原生物等。

3. 暴晒法　将蜂具、蜂箱、盖布、草垫等放置于强光下直晒12h以上，或连晒数日，对巢虫、蜂螨幼虫和一些病菌等均有杀灭作用。

4. 灭菌灯法　有条件的可用灭菌灯、紫外线消毒，效果较好，可杀死病菌、孢子虫等。

5. 冷冻法　有条件的蜂场，可以把空巢脾放入冷库（0～10℃），可有效防止巢虫破坏巢脾。

二、化学消毒法

化学消毒药剂较多，如84消毒液（主要成分次氯酸钠）、新洁而灭（苯扎溴铵）、冰醋酸、石灰乳、漂白剂（含氯石灰）、福尔马林溶液、硫黄、食用碱、饱和氯化钠溶液等，均有消毒、防腐作用。常见消毒药品的使用浓度、使用方法和注意事项见表1-2。不论使用哪种消毒药品进行消毒，消毒后必须用清水冲洗1～2次或浸泡1～2天，以消除化学药物残留，晾干后才能使用。

使用化学药剂消毒注意事项：①严格控制用量，不能随意增加用量。福尔马林气味重、污染大，使用时要特别注意控制用量，正确使用，防止中毒。②无论用何种化学药剂进行消毒都有污染，可能存在药残和药害，消毒后要用清水浸泡或洗涤，用摇蜜机甩出巢脾巢房里的水分，清洗掉化学药物。消毒结束后的蜂箱、巢脾等蜂具，应放在通风处晾72h。③巢脾上如有蜂蜜和花粉存在，最好用摇蜜机摇出后再用药液消毒，防止消毒不佳或其中留有“药残”。

表 1-2 化学消毒药物及使用方法

名称	常用浓度	消毒时间	配制剂型	作用范围	使用方法	备注
84 消毒液	0.4%用于细菌污染物；5%用于病毒污染物	10min 90min	水溶液	细菌、芽孢、病毒	洗涤蜂箱蜂具，浸泡巢脾。金属用具洗涤时间不宜过长	药物避光存放
冰醋酸	80%～98%熏蒸	熏蒸1～5天	10～20ml/箱	蜂螨、孢子虫、阿米巴、蜡螟卵和巢虫等	每一箱体用80%～95%冰醋酸 10～20ml，洒在布条上。将蜂箱摞好，糊严缝，盖好箱盖，熏蒸24h。气温低可延至 3～5 天	
漂白粉	5%～10%	作用 30min 至 2h	水溶液	细菌、芽孢、病毒、真菌	洗涤后蜂箱、巢脾、蜂具浸泡1～2h。水源消毒：$1m^3$ 河水、井水加漂白粉 6～10g，30min 后可饮用	金属物品浸泡时间可缩短
食用碱	3%～5%	作用 30min 至 2h	水溶液	细菌、病毒、真菌	洗涤蜂箱，浸泡巢脾 2h，浸泡衣物、蜂具等 30min 至 1h。喷洒越冬室、墙壁、地面	

（续）

名称	常用浓度	消毒时间	配制剂型	作用范围	使用方法	备注
石灰乳（生石灰水溶液）	10%～20%（1kg水+10～20g生石灰）	消毒作用1～2天	1份生石灰加水，配成10%～20%悬液（石灰乳）	细菌、芽孢、病毒、真菌等	用10%～20%的石灰乳粉刷越冬室、仓库和蜂场地面	现配现用。不要存久
饱和食盐水	约36%的溶液（1kg水+360g NaCl）	4h以上	水溶液	细菌、真菌、孢子虫、阿米巴、巢虫	浸泡蜂箱、蜂具、巢脾等4h以上	
硫黄（用时点燃产生二氧化硫）	粉剂点燃，用量2～5g/箱	熏蒸24h以上	研成粉末	蜂螨、蜡螟、巢虫、真菌	巢箱上摞加继箱，每个继箱放8张空脾。巢箱内先置一瓷容器。使用时将燃烧木炭放入容器内，立即将硫黄粉放在木炭上，封闭蜂箱，熏蒸24h	硫黄熏蒸对螨卵、巢虫化蛹等杀伤能力不大，隔7天重复1次，连续用2～3次

（续）

名称	常用浓度	消毒时间	配制剂型	作用范围	使用方法	备注
高锰酸钾	0.2%	浸泡 24h	水溶液	细胞、孢子虫等		
福尔马林	2%～4%福尔马林液	浸泡巢脾等 12h	1 份福尔马林加水 9～18 份，分别成为 2%、4% 的药液	细菌、病毒、孢子虫、阿米巴等。	用 2%～4%的福尔马林水溶液喷洒越冬室、工作室、仓库墙壁、地面；4%的福尔马林水溶液浸泡蜂箱、巢脾、蜂具等 12h	注意消毒后要多次清洗，去除药残，晾干后才能使用
	原液熏蒸	密闭熏蒸约 12h	每一个继箱原液 10ml，加热水 5ml，高锰酸钾 10g	细菌、芽孢、病毒、孢子虫、阿米巴	把福尔马林和热水倒入瓷容器内，放进摞好的箱体里，糊严箱缝后，再加入高锰酸钾，立即盖严蜂箱，密闭 12h	原液熏蒸严禁人吸收中毒

第五节　禁止使用易污染药物

为了防止蜂产品的内源污染，保证蜂产品优质安全，2002 年养蜂学会对养蜂生产用药提出具体要求和规定。

一、禁用药物

（1）氯霉素及其盐、酯（包括琥珀氯霉素）及制剂；

（2）氨苯砜及制剂；

（3）硝基呋喃类：呋喃唑酮、呋喃它酮、呋喃苯烯酸钠及制剂；

（4）杀虫脒（克死螨）；

（5）毒杀芬（氯化烯）；

（6）硝基咪唑类：甲硝唑，地美硝唑及基盐，酯及制剂；

（7）激素类；

（8）链霉素；

（9）氯霉素；

（10）磺胺类。

二、慎用、少用、最好不用的药物

（1）其他抗生素

（2）双甲脒（螨克）。

农业部也已明文禁止生产和使用在防治蜂病时易造成污染的蜂药，如氯霉素等抗生素、杀虫剂、双甲脒药剂以及磺胺类药；有的药物限制使用，如土霉素、制霉菌素等，规定了休药期、使用限量、使用方法。特别是以前频繁使用的抗生素和化学制剂，哪怕是非生产期也停止使用。农业部用药规定见表 1-3。

表 1-3 允许使用的药物及使用规定

名称	作用与用途	用法与用量	休药期
双甲脒条	防治蜂螨	悬挂于蜂箱空处，每群 1 条，点燃密闭熏烟 15min。每周 1 次，3 周为一个疗程。	7 天
氟氧苯氰菊酯条	防治蜂螨	悬挂蜂箱内，每群 2 条，6 周为一个疗程	采蜜期禁用
氟胺氰菊酯条	防治蜂螨	悬挂蜂箱内，每群 2 条，3 周为一个疗程	采蜜期禁用
甲酸溶液（甲酸 7ml 与乙醇 3ml）	治疗蜂螨。无蜂使用	熏蒸。临用两者混合，在 22°以上气温下，密闭熏蒸5～6h。每 10ml 在标准箱内熏蒸 7～8 张无蜂封盖子脾。	
甲硝唑片	防治孢子虫病	饲喂。每升50％糖水加本品，500mg,3天1次,连用7次。	采蜜期禁用
盐酸金刚烷胺粉（13％）	防治蜜蜂囊状幼虫病	饲喂，每升 50％糖水加本品 2g，每群喂 250ml，3 天 1 次，连用 6 次	采蜜期停止使用
酞丁胺粉（4％）	防治麻痹病	饲喂，每升 50％糖水加本品 12g，每群喂 250ml，隔日 1次，连用 5 次。	采蜜期停止使用
盐酸土霉素可溶性粉	防治细菌性疾病	饲喂，每群 200mg 与 1：1 糖浆适量混匀，每 3～5 天 1 次，连喂 3 次。	采蜜前 6 周停止给药
制霉菌素	防治真菌性疾病	饲喂，每升 50％糖水加本品 200mg，隔 3 天 1 次，连用 5 次	采蜜期停止使用

由于全国禁止生产和使用易污染的药物，对暂时使用的药物规定了休药期、使用量、禁用时间，已见实效。经检测，2004 年后的蜂蜜等蜂产品药残含量迅速降低，蜂蜜等合格率达到 95％以上，有效地保障了蜂农、企业和国家的利益，提升了蜂业绿色化程度。

第六节　蜜蜂健康管理细则

为了保证蜜蜂健康生存和繁殖，取得更好的经济效益，必须加强健康管理和技术研究，笔者将蜜蜂日常健康管理细化，供养蜂生产参考和践行。

（1）蜜蜂保护和健康管理的基本原则是：以预防为主，防治结合；以繁殖为先，繁蜂与延长寿命相结合，做到强群生产；以优化蜜蜂生态环境为要，与绿色防治蜂病相结合，走健康强群绿色发展之路。

（2）提倡定地养蜂，充分利用当地蜜源资源和全面实施蜜蜂授粉增产技术，结合进行小转地饲养，减少大转地的时间和次数，降低蜜蜂损失。

（3）定地蜂场和转地临时蜂场场址的选择，要做到“三无”，即无污染水源、无污染病原、无药害源（农药等），远离农药厂、化肥厂、水泥厂、污水处理厂、垃圾堆放厂、牧场等，杜绝污染源。

（4）蜂群不能摆放在高压线、变电器附近，远离公路、铁路等交通沿线，减少对蜜蜂的生活干扰。

（5）保证蜂群不进入不卫生、人多杂乱的村庄和集镇，与污水塘、污水沟、生活垃圾堆放处保持一定距离，防止蜜蜂受干扰，发生蜇人蛰畜事故。

（6）蜂群放置点应植物茂密、环境干净，不能放在风口、尘沙多的黄土地和裸露的岩石、颓岭上，防止风沙、尘埃对蜜蜂的污染和太阳的暴晒。

（7）场地的选择应生态环境为先、蜜粉源为次。不能只图蜜源近，而忽视污染源对蜜蜂的不良影响。宁愿离蜜源远些，也要让污染源距离超过蜜蜂飞行的距离（范围）。

（8）蜂群进场前，要先把饮水器设置好。启开巢门蜜蜂飞出找水源，可及早与饮水器建立起条件反射作用，固定采水的地方。蜜蜂如与污染的水源建立了联系，想改变采水路线是比较困难的。周围1～2里直径范围内无清洁水源，必须提前设定饮水器。蜜蜂生病很大程度是采集污水引起的。

（9）养蜂者要树立预防为主的观念，保持蜂场（尤其固定蜂场）及其周围清洁卫生、无污物。防患于未然，防止病菌传播。

（10）病死蜜蜂要集中深埋或焚烧，没有治疗价值的病重蜂群应果断处理，不要舍不得而传染全场。处理后严格消毒，杜绝后患。

（11）购进种群或笼蜂，必须单放单养，经过一段时间观察无问题后才能进入生产群，纳入正常的管理和繁殖。

（12）引入种王要单放单养在一个群内，观察4～6个月或更长的时间，健康无病才能移虫育王，更换老王，更新血统，做到优王繁殖。

（13）购进蜂蜜、花粉等饲料，一定经过消毒处理，防止“病从口入”，肆虐和危害健康蜂群。

（14）养蜂者直接接触蜂群，要重视自身清洁卫生。定期换洗工作服或外衣，操作前要洗手，操作病群后要严格消毒，防止操作者成为病菌的携带传播者。

（15）转地放蜂一定先了解清楚蜜蜂放置点周围的情况，使用农药种类、时间等，防止盲目入场。

（16）严格遵守禁止使用污染药物的规定。

在防治蜂病用药选择上，推广使用生物防治技术、中草药制剂，少用或不用化学药物和抗生素，以减少药害、降低药残，保护蜜蜂健康。

（17）在治病用药剂型选择上，如治螨要多用烟熏剂、熏蒸剂、中草药制剂，少用粉剂、膏剂。烟熏剂、熏蒸剂、中草药制剂产生的“药残”少。

（18）高温季节少转地，必须转地运蜂要时间短，最好当天到，并注意途中通风、供水、降温、散热。定地饲养蜂群注意遮阳防暑、供给饮水，防止蜜蜂卷翅病和蜜蜂幼虫枯死。

（19）炎夏可以帮助蜜蜂遮阳降温，但不能“大通风”（大开巢门、拉开框距、掀开盖布、挫开箱位等），扰乱蜂群本身维护巢温巢湿的能力，影响蜜蜂正常生活和繁殖。

（20）经常保持巢内有一定饲料（蜂蜜、花粉）是保证繁殖、健蜂、强群的基本条件。养强群除优王、足饲、无螨无病等条件外，巢内有足够的花粉（蜂粮）是不可缺的物质保证。缺粉季节，要注意补充花粉。

（21）早春切勿提早繁殖、过早奖饲，做到宁迟勿早，防止越过冬天的蜜蜂过早衰老死亡，引起“春衰”。要根据当地情况（有小蜜粉源出现，气温回升并稳定，没有春寒袭击，蜂王已产卵1周左右等）适时决定开繁奖饲，做到蜂脾相等或蜂多于脾。

（22）蜂群安全越冬是关键。越冬前35～40天要停止王浆生产，集中力量抓好越冬蜂的培养和饲料贮备，不能因秋季低效生产耽误了越冬适龄蜂的培育。越冬前15天左右，要结束越冬饲料的饲喂，给蜜蜂酿制时间。要2～3天喂足，不能多次饲喂，减少饲料消耗，避免部分蜜蜂过早衰老。

（23）最好用蜜脾或蜂蜜作越冬饲料，营养又安全。实践已说明，多次喂糖浆弊端多，会刺激蜜蜂兴奋、空飞，消耗饲料，促使一部分蜂蜜过早衰老，易发生盗蜂；并且以糖作越冬饲料营养成分单一，不利于安全越冬，增加死亡率，也不利于早春健康繁殖。

（24）越冬饲料留量“宁多一点，勿不足”。巢内应80%～85%是蜜脾，即4框蜂要留3.5框蜜脾（中部地区），可以满足越冬和早春繁殖的需要。不同地区由于越冬时间不同、越冬方式不一，留多少越冬饲料，应根据当地情况决定。常常遇到越冬期安全但春蜜蜂大量死亡，其原因是进入春繁后饲料不足被饿死。

（25）蜂群越冬保湿要做到“宁冷点、勿过暖”。过暖不易结团，结团后气温稍升高易散团，导致蜜蜂不安，活动量增加，饲料消耗多，寿命缩短，增加越冬期间的死亡率。

（26）缺蜜季节补饲要1～2次喂足，忌“少喂多餐”的做法，惹得蜜蜂满天飞。最好傍晚饲喂，防止盗蜂的发生。

(27) 要保证补喂的蜂蜜或糖浆没有酸败发酵、没有污染，花粉没有发霉，防止蜜蜂消化不良引起疾病或食物中毒。

(28) 要善待蜜蜂，不搞掠夺式生产，经常保持巢内有足够的饲料，不让蜜蜂在半饥饿状态下“保命生存”和“低效繁殖”。保证蜜蜂足食且营养丰富，才能保强群、保健康、保繁殖。

(29) 不能乱给药。早春普遍对蜂群给药预防疾病的做法是不可取的，容易产生“药残”，导致“药害的发生”。“无病用药”常常危及蜜蜂健康，影响其正常生理功能。要有目的地进行给药预防，千万不要盲目给药。如蜜蜂发生孢子虫病，可以适当喂些酸性饲料；蜜蜂患过白垩病，可以喷点弱碱性水或于箱底撒些粉状生石灰。不要用化学药物进行预防。

(30) 养蜂者特别是转地长途放蜂者，要主动配合接受蜂病检疫，发现传染病做到就地隔离治疗直至病愈，防止病原的扩散。

第七节　远亲引种避免近亲繁殖

要想培育出强群，提高蜂群质量，增强抗病能力，减少疾病的发生，必须通过蜜蜂的繁殖途径来实现。为此，养蜂生产者可以采用远亲引种繁殖，避免蜜蜂近亲繁殖，克服近亲繁殖带来的弊病。这里所说的远亲，指远距离的不同生态型蜜蜂品系。

从远距离不同生态地区如利用从中原引入北部地区的优良蜂王进行繁殖，利用繁殖的处女王和本地雄蜂进行优化配对交尾繁殖，或者利用本地优良蜂群培育出的处女王与外地（到本地放蜂）雄蜂交尾，交尾时间内严格控制本地雄蜂出巢飞游。也可以选用外地放蜂的蜜蜂幼虫移虫育王，在处女王交尾时间内，同样控制本地非种用雄蜂出巢，让其与种用雄蜂交尾。用获得的产卵新王，把本场蜂王普遍更换一遍。实践证明：采用远亲引种，能有效地避免蜜蜂由于近亲繁殖而带来的体弱、抗病力差、生产力低的后代，而取得生活力强、生产力高的强群。对蜂业生产者来说，这种有效、经济实惠、可操作性强的做法，只要掌握：不同生态型的蜜蜂优化选配交尾和控制雄蜂，便可以获得较理想的效果。这是蜂群健康管理中的一个重要方面，也是实现养蜂绿色发展的根本措施，从选种引种入手，利用杂交优势实现强群复壮的目标。

第二篇

蜜蜂疾病绿色治疗

发展绿色蜂业的措施之一是对蜜蜂疾病的绿色治疗。本篇重点介绍以菌治病、以虫治病、植物次产品治病等生物防治和物理治螨方法，取代造成污染、产生药害的化学制剂和抗生素药物，努力开发生物防治蜂病资源，改变过去依赖化学制剂防止蜂病的弊端，以构建绿色蜂保体系。

通过对蜜蜂的健康管理，采取“未病先防”“治未病”的多种措施，可有效地提高蜜蜂体质，增强抗逆能力，减少病原的侵袭，使蜜蜂少生病或不生病。但生活在有生物污染和化学污染的环境里，各种不良因子对蜜蜂的生存和健康会产生直接影响和干预，一些疾病肆虐，阻碍着蜜蜂群体的生存和繁殖发展，必须采取无公害、无污染的绿色治疗，才能更有效地保护蜜蜂健康，既能、治好蜂病，又不对蜂群、蜂产品以及环境造成污染，这是绿色治疗的目的所在。

绿色治疗是蜜蜂健康管理之后保护蜂群的第二道防线，是实施蜂业绿色发展、防止蜂病的核心和关键。在介绍蜂病的生物防治中，突出阐述中草药治病的特点和优势，使用中草药治疗蜂病是蜜蜂疾病生物防治的首选，推荐、介绍的100个配方（不含介绍的单方）中，涵盖了蜜蜂囊状幼虫病、蜜蜂麻痹病、美洲幼虫腐臭病、欧洲幼虫腐臭病、蜜蜂孢子虫病、蜜蜂白垩病、蜜蜂爬蜂病“综合征”蜂螨等常见主要疾病的治疗，以及药物的调制和使用方法，具有较强的针对性、实用性和可操作性，随着蜂业的绿色发展，日益显示出绿色防治的发展前景和生命力。

第一章　中草药防治蜂病概述

第一节　中草药防治蜂病的优势和特点

加强防治蜂病用药研究，推广使用无公害蜂药，是提高蜂业低碳水平、生产绿色蜂产品的重要方面。中草药包括药用植物（中草药）、药用动物和药用矿物三大部分，蕴藏量大，发掘中草药资源，应用于蜜蜂疾病的防治，用以取代化学药物、抗生素类以及其他易造成污染的药物，既经济，又无污染，是蜂业绿色发展的需要。事实告诉人们，用中草药防治蜂病，具有明显的优势和突出的特点。

1. 多功能　这是中草药最大的优势和特点。不仅每味中草药的成分、药理功能各有不同，而且全草（根、茎、叶、花、果实）亦有差异，尤其是经过“相须”或“相使”科学配伍，一个配方中包含两味以上的中草药，构成多功能的基础。多功能的优势更加明显，特点更加突现。

在中草药中不少具有清热解毒、清热祛湿、活血化瘀、补气补益的功能，并具有广谱抗病菌、抗病毒、抗真菌的特性，有的对孢子虫、螺原体以及寄生虫有抑制作用，甚至有杀伤、杀灭之功能。如清热药黄连，能抑制和杀伤多种致病杆菌、真菌以及孢子虫等近10多种病原。

通过科学配伍，使中草药的多功能特性增强。如某一配方中，六味中草药中有四味中草药具有清热解毒功能，使防治蜂病的作用得到强化，增加疗效。栀子性味苦寒，有清热泻火、凉血解毒之功能，再与牛黄解毒丸（片）、维生素B、维生素C相配合，不仅药物功能全面，而且疗效有了较大的提升。这却在中草药配方中通过“相须”“相使”配伍，使药效增强的例子很多。

正如孙文燕、张硕峰主编的《中药药理学》中指出的中药药效学的基本特点是：中药作用的多样性，这是由中药成分的复杂性决定的，一般中药药理作用与剂量呈一定的量效关系，但在某种条件和环境下，也会出现量效关系不明显现象，即量效不一致性、作用和功效不相关性。在治疗疾病上通过多种途径和多种环节作用于多个靶点，是中药（中草药）的基本特点所在。

2. 药效持久 由于中药（中草药）含有成分性质稳定，维持了它药效的持久性。人们认为中草药见效不如西药那么快，这是事实。但它的一个优点是药效较为持久，药效成分不易丢失，在干燥通风、适温处放置，药效较长时间基本不变，若制成剂型药效保持时间会延长很多。作者于 2003 年用中草药制成治疗蜂病的颗粒冲剂，只简单包装（塑料袋封装），然后在室内暗处放置 6～7 年后，除了有点粘连外，药效仍然明显。安徽省凤阳县蜂农张刘一等用其治疗蜜蜂麻痹病、“爬蜂病”，均有效控制病情并治愈。

3. 基本无药残，不产生抗药性 使用中草药治病，不会形成“药残”和产生“药害”，也不会像化学药品和抗生素那样污染环境和蜂产品。用中草药治疗蜂病，同样保留着这种无污染、不形成“药残”、不产生“药害”的特性。长时间使用化学药品，会使一些病菌对药物敏感性降低，产生耐药性，使药物失去疗效。使用中草药治疗疾病则不会出现细菌耐药性。

4. 性质稳定 采用中草药的全株或植株某一部分（根、茎、叶、花、果实、种子）入药，经过加工，煎煮等，中草药中的有效成分基本保持不变，不会发生质的变化。

5. 安全性高 由于中草药防治蜂病基本不会产生“药残”形成“药害”，对蜜蜂安全可靠。即使配方中某一两种中草药有“毒”，但经过加工“炮制”，科学配伍后，“毒性”会大大减弱或丧失。作者在 2003—2006 年四年中，研制防治蜂病的中草药制剂，在 41 个蜂场中试验和临床应用，用药蜂群达 1 602 群，其中预防用药 649 群、治疗用药 953 群，没有发现蜜蜂出现不良反应。蜂农普遍反映“安全可靠、疗效好”。

6. 药价低廉　中草药防治蜂病可就地取材，自己调制，成本很低。若转地放蜂，养蜂者可采集一些常用的中草药经过粗加工保存备用。

7. 资源丰富　我国地域辽阔、地形复杂、气候差异显著，造成了生态和植物的多样性，药用植物资源丰富、蕴藏量大。据全国性调查，我国药材植物（中草药）达 5 000 种以上，是天然药材的宝库。随着对中草药的开发利用，满足医药的需要，人工栽培药用植物的面积不断扩大，产量日益提高。

8. 使用历史悠久　我国用中草药防治人的疾病和畜禽疾病已有悠久的历史，形成了独树一帜的具有特色的中医药学体系。单用中草药治疗蜂病历史上记载甚少，开始应用但不普遍。在发展养蜂业过程中，蜂病不断发生，尤其是 20 世纪 30 年代蜂螨席卷全国，当时用硫黄、卫生球、烟草、生石灰、薄荷油等进行防治，发挥了良好的杀螨作用。进入 20 世纪 70 年代，中蜂囊状幼虫病（简称为“中囊病”）发生，用清热解毒的中草药进行防治，使病情得到有效的控制。

随着养蜂业的发展、防治蜂病研究的深入，利用中草药防治蜂病逐渐开展起来，人们认识到中草药在防治蜂病中的重要作用和价值，不少高效价廉的中草药制剂问世，如李旭涛用多种具有抗螨作用的植物研制的健蜂抗螨香粉等。推广中草药治疗蜜蜂美洲幼虫腐臭病、欧洲幼虫腐臭病、“爬蜂病”、蜜蜂麻痹病、蜜蜂白垩病以及蜂螨等，收到较好效果减少了蜂药污染，有效保护了蜂群。今后随着中草药加工技术的不断提高、“中成药”不断问世，利用中草药防治蜂病将会更为方便有效。

第二节　中草药防治蜂病效果举例

例 1　1993 年贵州省丁正伟报道：1989 年 15 群蜂 200 余脾蜂患“爬蜂病”，一周后仅剩 18 脾蜂，几乎全场覆没。后来使用中草药抢治，控制了病情，群势不断增强，繁殖较快，到1990年生产效益转好。其具体做法是取黄连10g煎煮，获得煎煮液500ml，再制大黄等量煎液500ml，两液混合。发病轻的蜂群按每脾蜂5ml药液，加入45ml糖浆混匀喂蜂，每3天喂一次。重病群一份大黄、2份黄连煎法同上，煎液喂蜂，3天喂1次，一般喂5次即愈。

例2 四川省向经文2001年报道：用三黄（黄连、黄柏、黄芩）和虎杖四味药各10g，加水400ml煎煮至水剩300ml，再用此法将药渣煎两遍，三次煎液混合过滤，用滤液喷蜂脾。每脾喷30ml，隔3天喷1次，喷3次可痊愈。

也可以用大黄10g，用300ml开水浸泡3h，倒出药液；再往药渣内加开水200ml，泡2h倒出药液；第三次用200ml开水浸泡药渣1h后，倒出药液。将三次浸泡液混合过滤，喷脾治疗"爬蜂病"。每脾喷30ml，隔2天喷1次，2～3次可痊愈。此法操作简单，适宜转地放蜂使用。

例3 用板蓝根颗粒剂10g，配成50%的糖浆药液喂蜂防治中蜂，囊状幼虫病有效；或者用穿心莲注射液配成糖浆药液喂蜂，10框蜂可取2ml装的穿心莲注射液2支，兑糖浆混匀傍晚喂蜂，每天喂1次，至痊愈为止。

例4 河南省马成吉等报道（2002）：2001—2002年当地洋槐蜜欠收，为了保持强群，采取中草药预防蜂病等措施，取得了良好收成。早春奖饲时，在糖浆内加入适量的大蒜汁、米醋，在补饲中加入生姜、山楂、甘草、藿香草煎液。不用化学药物，常年保持强群生产。

例5 四川省高先沛2005年报道：用百部20g、60%浓度以上的白酒500ml，将百部浸泡酒中1周，取浸泡液加入等量清水稀释。喷蜂脾，以薄雾为度。6天喷1次，连喷3～4次，对大小蜂螨和巢虫均有防治、触杀作用。

或用百部20g、苦楝子果肉10个、八角6个，加水400ml煎至剩水200ml。冷却过滤，用滤液喷蜂脾，以薄雾为度。治螨效果良好。

例 6　周国慧等 1997 年报道贵州黔南民族农校教学蜂场，过去使用西药防治蜂病，但仍年年发生欧洲幼虫腐臭病、中蜂囊状幼虫病。从 1997 年起，采集新鲜千里光、金银花、白头翁三味药煎液喂蜂，近几年蜜蜂几乎未患病，生产繁殖均好。

例 7　用中草药防治蜂病能取得较好的综合效果，表现出多功能效应。1987 年湖南李忠普等利用“南刺五加”和“复方南刺五加”治疗蜂病，效果理想。单用南刺五加防治蜂病，能提高处女王的交尾率和蜂王的产卵量，并有延长蜜蜂寿命的功能，增强了蜂群采集、泌蜡、泌浆能力，增强抗病力。用复方南刺五加治疗，即以南刺五加为主，配以虎杖、南天竹和树舌，可产生防治疾病和壮蜂强群的多功能效果，对细菌、病毒以及真菌等病原引发的疾病均匀良好的防治作用。经 2 836 群蜂的试验，预防效果达 94.4%，治疗效果达 91%。

例 8　安徽省宿松县沈磊经过反复试验，从 200 多种中草药中筛选出墨旱莲、马鞭草、车前草、积雪草、刺苋、大蒜头六味中草药用其煎煮液配制成药物糖浆喂蜂，治疗中蜂囊状幼虫病，轻者喂 5～7 次（3 天喂 1 次），重者 14 次病情缓解，逐渐治愈。

例 9　河北省何传学在一些蜂场推广用半枝莲治疗蜜蜂囊状幼虫病，30g 干半枝莲（鲜的约 120g），煎汁配成半枝莲药物糖浆喂蜂，治愈率达到 83%～93%。证明半枝莲抗病毒能力甚强、疗效好，胜过化学药物和抗生素药物。

以上举例充分说明，中草药防治蜂病的有效性和独特性，对严重危害蜂群的美洲幼虫腐臭病、欧洲幼虫腐臭病、蜜蜂囊状幼虫病、白垩病等，成年蜂“爬蜂病”以及蜂螨等均有防治效果。有的十分突出，效果显著。中草药是绿色防治蜂病的有效药物，具有广阔的发展前途。

人们防治蜂病，应把注意力和研究重点，从依赖化学制剂转向中草药应用上来，积极开发中草药资源宝库，发挥其防治蜂病的优势，做到既环保又蜂保（保护蜜蜂健康不生病）是发展绿色蜂业的重要途径。

第三节 中草药使用方法

正确而科学地使用中草药，才能达到治疗蜂病、提高疗效的目的，改变重西药轻中药，不愿使用中草药的倾向。

一、中草药的用法

养蜂者需要了解一些中草药的知识，才能利用中草药防治蜂病。中医学临床用药十分慎重，这是因为中草药和其他中药的配伍组分和各味药用量多少，直接影响药物的疗效和持久性。我们使用的中草药都是原生药，一般药性比较平和，安全性比较高，在用药量（配方剂量）上没有西药类化学药物那样严格。尽管如此，面对身体弱小的蜜蜂，也必须注意科学配伍用药、科学计算药量，对某些药性猛烈或有毒的药物，要严格控制，做到安全用药治病。

中草药的用法有两种：一种是单方（又称“单行”），即使用一味药防治蜂病。如用半枝莲或罂粟壳治疗蜜蜂囊状幼虫病、用大蒜或藿香治疗蜜蜂麻痹病、用马齿苋或苦艾治疗美洲幼虫腐臭病、食用碱等碱性物质防治蜜蜂白垩病等。在治疗蜂病上，多采用第二种用药方法，即复方用药，用两味或两味以上中草药，甚至八味或十味中草药采用“相须”或‘相使’配伍，把功能相同或相近的中草药（含其他药物）联合使用，达到增强疗效的作用，提升临床治愈率或有效率。如半枝莲、大黄、黄柏、连翘、虎杖等在一个配方里出现，能较好地防治病菌引起的美洲幼虫腐臭病、欧洲幼虫腐臭病以及蜜蜂爬蜂病“综合征”等，用硫黄和萘（卫生球）相配合、烟草和生石灰相配合，防治大小蜂螨效果较好。

二、中草药的煎煮方法

养蜂者转地放蜂，多在野外生活，给煎煮中草药带来很多不便。但也有有利的方面，山区和丘陵地区野生中草药较多，可按照采摘季节适时采集中草药，晒干、阴干和烘干处理后储存备用，或采集新鲜中草药应急使用，可及时治疗，还能节约开支。

根据养蜂生产的特殊性，治疗蜂病给药方式主要有两种：饲喂和喷脾。煎煮前，把中草药去杂去尘洗净，根据配方中各味药的配比称重入锅，加 1～2 倍水或 2～3 倍水，加热煎煮。常用中草药制剂法：一剂药煎煮 3 次，前两次煎煮时间稍长些为 20～35min，第三次煎煮时间缩短为 15～20min，将三次滤液混合后使用。煎煮中草药取得“汤剂”，是较为费时费工的事情，为了适应野外放蜂的需要，可以简化其过程，可以煎煮一次，但煮沸维持时间要长。煮沸后，改为文火继续煎煮 30～40min，以求将药中的有效成分尽量释放出来，提高药效。

在诸多中草药配方中，有些含有较多挥发性油的中草药，如薄荷、藿香、佩兰、钩藤、茴香等，煎煮时先将其他药物入锅，煮开维持 20min 后，再把某种含挥发油的中草药加入，继续煮 10min 左右即可停止，以防挥发油过多散失或有效成分失效。海金沙、车前子之类的药物用纱布包好，再入锅煎煮。

中草药煎煮后的滤液（汤剂）冷却后，气温在 20℃或以上时，直接喷脾（加进 15%左右的白糖也可以）。喷脾能增加蜜蜂的舔食活动，增加药效。气温低于 15℃时可喂温汤，气温高时喂凉汤，加入白糖的浓度要达到 50%左右，以利蜜蜂尽快采食，迅速发挥药效。具体喂量、饲喂次数详见每个配方的“调制和用法”部分。

第四节　自配药方治蜂病的提示

针对养蜂业生产的特点和防治蜂病不同于畜禽，以及各地中草药源的多寡，养蜂者身居防治蜂病第一线，在学些中医药学知识的基础上，有的自采中药自配药方自己使用，防治蜂病。目的是用药及时方便，并节约费用。但必须做到利用一两群蜂试用无害有效后才能普遍用药。在这里向养蜂者如自己配方时，多考虑以下中草药作为选择的对象，供参考。

（1）由蜜蜂致病细菌引发的美洲幼虫腐臭病、欧洲幼虫腐臭病等疾病，注意选择抗菌谱广、抗菌特性显著或明显的黄连、大黄、半枝莲、金银花、大青叶、连翘、板蓝根、黄芩、大蒜、洋葱等中草药用于临床治病。据试验大蒜、洋葱等能杀死、杀伤 80% 的病菌。

（2）由蜜蜂病毒引发的蜜蜂囊状幼虫病（中蜂简称“中囊病”）、蜜蜂麻痹病、死蛹病（蜜蜂蜂蛹病）等，多选择抗病毒或兼备抗病毒特性的南刺五加、半枝莲、虎杖、华千金藤、紫草、车前草、积雪草、防风、大蒜等中草药，分别组成配方。

（3）由真菌引起的蜜蜂白垩病、黄曲霉病等蜂病，可用黄柏、苦参、生地、黄连、川芎、红花等中草药和碱性药物（食用碱、生石灰等），有良好的抑制功能。

（4）由孢子虫、螺原体、变形虫等病原引发的蜜蜂孢子虫病和“蜜蜂爬蜂病综合征”等，选用大蒜、黄连、藿香、忍冬、板蓝根、败酱草等配方防治。

（5）由蜜蜂体外寄生螨导致的大蜂螨、小蜂螨等，用硫黄（升华硫）、烟叶、苦艾、土大黄、萘等药物治疗，有较好的杀蜂螨作用。

中草药是生物防治蜂病及其绿色防治蜂病的药物主体。在防治蜜蜂主要传染性疾病临床应用的 119 种中草药中，清热药（清热解毒，清热泻火、清热凉血、清热燥湿、清热解暑等药物）38 种占 32.0%，祛湿药 12 种占 10.1%，理血药 11 种占 9.2%；其次是理气药、补血药、温里药、消导药、祛痰止咳药和驱虫止痒药，占 4.2%～5.8%；其他中草药所占比例甚少，如安神药仅占 0.98%，收涩药、开窍药和止血药各占 1.9%。

从分析数据可以看出：防治以上各种传染性疾病，清热解毒等清热药为主体药物。配伍次数和用量最多的有甘草、黄连、大黄、虎杖、金银花、板蓝根、半枝莲、穿心莲、黄芩、黄柏、苦参、紫草等，其次是祛湿药、理血药、补益药、温里药等，根据蜜蜂病种、病情实施科学配伍用于防治蜂病的临床。另外，还介绍了 40 多个单方（中医称单行）防治蜂病亦有良好的效果供养蜂者试用或配方时的参考。

第二章　主要蜂病及治病配方

第一节　蜜蜂疾病分类

根据引起危害蜜蜂的疾病的病原，蜂病大致可分三大类型，即传染性疾病、侵袭性疾病和非传染性疾病。其中侵袭性疾病也有传染性，病原也可传播到全群、全场甚至其他蜂场，造成危害，故有些人把侵袭性疾病也称为传染性疾病，加以重点防治（图 2-1）。

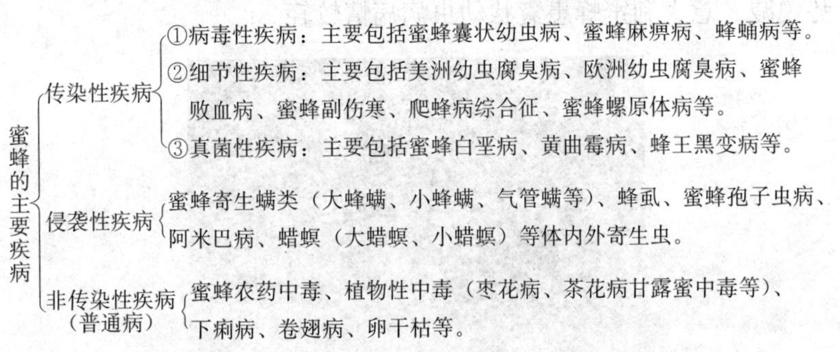

图 2-1　蜜蜂疾病分类

对蜜蜂造成危害和威胁的不仅仅是疾病，还有其他虫敌害，本书不进行叙述。本书只介绍蜜蜂疾病特别是主要疾病的防治。蜜蜂的疾病较多，有的是一种病原所致，有的是两种或两种以上病原混合感染，如蜜蜂孢子虫病往往和阿米巴病共同感染，蜜蜂爬蜂病综合征是两种或两种以上的病原所致。在防治时首先要查清病原，区别相近症状的疾病，然后才“对症下药”，不能乱用药、过量用药，否则会使蜂产品、蜂体受到污染和危害。

本书只阐述危害大的以及目前仍在危害蜜蜂的主要疾病的防治措施，如蜜蜂囊状幼虫病、麻痹病、死蛹病、美洲幼虫腐臭病、欧洲幼虫腐臭病、蜜蜂爬蜂病综合征、蜜蜂白垩病、蜜蜂孢子虫病、蜜蜂寄生螨、巢虫以及蜜蜂农药中毒等。在蜂病防治问题上，重点介绍以中草药为主体的配方，列出的配方较多，养蜂者可根据情况选用。

第二节　蜜蜂囊状幼虫病

一、病原

蜜蜂囊状幼虫病的病原为囊状幼虫病病毒，此病毒无囊膜，病毒粒子直径为30纳米左右（图2-2）。侵袭力很强，一只病虫体内所含的病毒，可使3 000只蜜蜂幼虫感染发病。在我国以中蜂囊状幼虫病发病较频繁，危害极大，能造成大批蜜蜂幼虫死亡，蜂群群势锐减。意大利蜜蜂患囊状幼虫病病情较轻。

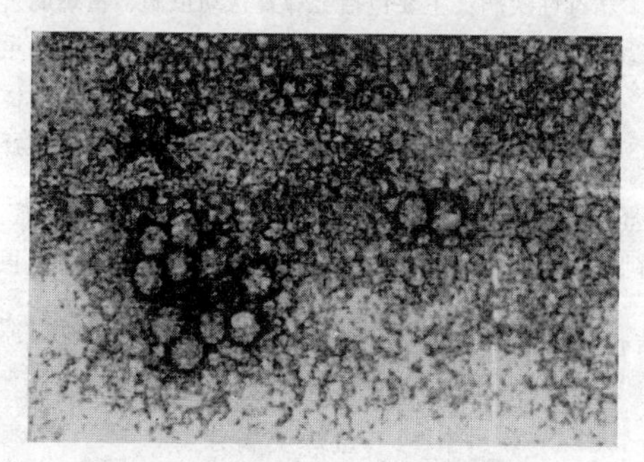

图2-2　电镜下的中蜂囊状幼虫病病毒颗粒（×10万）
（引自黄绛珠等）

二、主要症状

此病的典型症状有：

（1）1～2日龄幼虫被感染，5～6日龄的大幼虫出现明显症状，头部翘起，形成钩状至死亡。

（2）突出症状为病死的幼虫呈囊状。虫体由苍白色逐渐变成暗灰色，皮增厚，皮下渗出液增多，呈囊状，可用镊子夹出。虫体最后变为褐色，干枯，似龙船状。

（3）死虫无臭味、无黏性，易被工蜂清理拖出，或被拖出巢门处弃掉（图 2-3）。

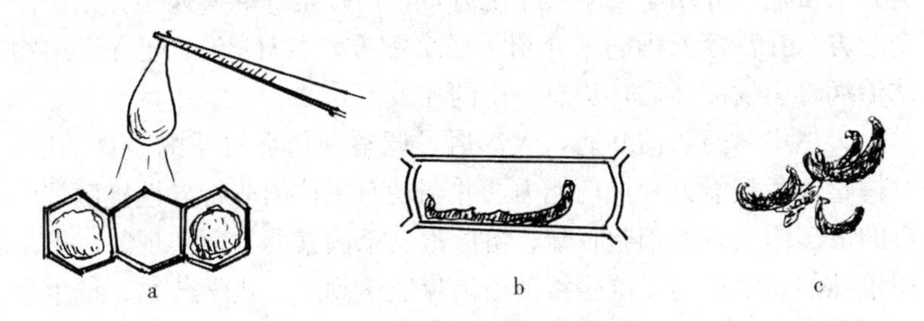

图 2-3　中蜂囊状幼虫病主要症状
a. 幼虫尸体内积聚液体，夹起呈囊状　b. 干枯尸体头上翘呈龙船状
c. 取出的干枯幼虫尸体

三、流行病学

主要侵害幼虫。中蜂抗此病能力弱，易感染，损失大。病死幼虫和被污染的饲料、巢脾、蜂具是囊状幼虫病的主要传染源，带病毒的工蜂是此病蔓延的传播者，工蜂清理病死幼虫尸体、饲喂幼虫，使此病传播开来，病原进入蜜蜂消化道而致病。盗蜂、迷巢蜂、调脾等可使病毒在群间传播。

福建、广东等省多发生在 3～4 月和 11～12 月，江西、湖南发生在 4～5 月和 10～11 月。外界蜜粉源丰富、巢内贮蜜（粉）足、群势强（蜂多于脾或蜂脾相等）发病较轻，有的可自愈。20 世纪 70 年代初，我国南方暴发流行，很快至蔓延全国，三年中中蜂减少 100 多万群，损失惨重。80 年代以后，该病肆虐蜂群虽不像 70 年代危害严重，但各地时有发生。

四、预防与治疗

用中草药防治由病毒引起的蜜蜂囊状幼虫病以及蜜蜂麻痹病、死蛹病等，具有特殊的疗效。实践结果表明，用一些化学药物、抗生素治疗病毒性蜂病，其疗效不理想。可以说抗生素对病毒是无能为力的，而中草药中有不少对病毒具有颉颃作用，凡是具有清热解毒、除湿驱寒的中草药均有一定的或较好的防治作用。在治疗蜜蜂囊状幼虫病中介绍了二十二个配方，在治疗蜜蜂麻痹病中介绍了四个配方，在治疗死蛹病中介绍了四个配方，共计 30 个配方可用物防治病毒引发的蜂病，均有一定的疗效。

天然中草药防治蜂病，大都通过调整和增强机体的整体功能，发挥整体免疫能力和抗病能力，并调动有机体内非特异性抗菌抗病毒的诸多因素，如细胞吞噬、溶菌素、杀菌素酶类而实现的，不是用单纯的化学药物、抗生素消极治疗能达到的。化学药物、抗生素等多次多量使用会使机体遭受药害，破坏机体自身的防卫体系。

中草药不仅对病毒引发的疾病有效，而且对其他蜂病也表现出“调整蜜蜂整体功能＋调动机体非特性因素”的协同治疗作用。

（一）预防

①早春、晚秋加强蜂群保温工作，特别要做到保持蜂脾相称或蜂多于脾，提高密集程度，强化群内保温。

②保持箱内有足够的饲料（蜂蜜和蜂粮），缺食要及时补喂，以增强蜜蜂对疾病的抵抗能力。

③发现某群有疾病苗头，立即扣王断子，结合换箱、换脾和消毒，防止病原积聚和向外传播。

④选择没感染或患病较轻的蜂群，组成育王群，培育新王，更换老王。

⑤蜂群病愈后要对蜂场彻底消毒一次。

（二）中草药配方治疗

人们在与蜜蜂囊状幼虫病作斗争的过程中，研究、探索积累了不少治疗经验，将这些配方整理如下，供养蜂者选用。

配方 1：半枝莲 50g　大黄 50g　甘草 10～20g

【调制和用法】将三味药入锅，加入 1 000～1 500ml 清水，煎煮至剩 600～700ml 时过滤，将滤液配成 50％浓度的糖浆药剂，喂蜂。每天每群喂 150～200ml，连喂 3 天。为了将草药里的有效成分尽量提出，可煎煮 3 次，将滤液混合配成药物糖浆喂蜂。治疗有效率 100%，治愈率 85%～95%。

【注释】(1) 半枝莲，化学成分主要有红花素、异红花素、黄芩素、黄芩素苷、多糖、β-谷甾醇、生物碱等，对病毒、致病菌具有抑制和杀伤作用，有解毒活血、消肿、调节机体免疫力功能。

(2) 大黄含有蒽醌衍生物、大黄酸、大黄酚、大黄素、芦荟大黄素、大黄素甲醚与葡萄糖结合的蒽苷、大黄酸-8-葡萄糖苷，还含有大黄双蒽酮类、苯丁酮苷类、萘苷类、多糖等，具有抗病毒、病菌作用，对多种革兰氏阳性和革兰氏阴性细菌均有抑制功能，有凉血解毒、活血祛瘀、清热泻火、抗炎、镇痛的功效。

(3) 甘草，含甘草素、黄酮类等，有抗炎镇咳、抗病毒、益气补中、清热解毒、止痛、调和药性的功能。

配方 2：金银花 50g　贯众 50g　甘草 25～30g

【调制和用法】将三味药入锅加水 1 000～1 200ml，煎煮 3 次，混合 3 次滤液，用于喷脾，以雾湿为宜（25～30ml/群）或配成药物糖浆喂蜂，每天每群喂 200ml，连喂 3～4 次。

【注释】(1) 金银花，化学成分有绿原酸、木樨草酸、异绿原酸、挥发油等，具有较强的抗病毒和病菌能力。能清热解毒、抗炎。

(2) 贯众，含有黄酮苷类（异槲皮苷、贯众苷、冷蕨苷、紫云英苷等），对多种真菌、病毒、杆菌等有抑制、颉颃作用，有明显的抗病毒作用。具有清热解毒、杀虫的功能。

甘草注释见配方 1。

配方 3：虎杖 15g　贯众 15g　半枝莲 10g　蒲公英 10g　维生素 C 适量

【调制和用法】把虎杖、贯众、半枝莲和蒲公英用清水洗净，放入锅内，加水 2 000ml 煎至剩液 1 000ml 左右，滤去药渣得药液。如定地放蜂有时间可三次入锅煎煮，每次分别加水 800～1 000ml，煮沸维持 20～30min，再将三次滤液混合一起，配制成药物糖浆喂蜂或喷脾。每群每次喂 100～150ml，喷脾每群 40ml 左右，隔日喂 1 次（病重群每日喂 1 次），连续喂 3～4 次，可控制病情，逐渐病愈，恢复群势。

【注释】虎杖，含化学成分主要是：游离蒽醌（大黄素、大黄素甲醚、大黄酚等）、结合菌醌（大黄素甲醚 8-B-D-葡萄糖苷、大黄素 8-B-D 葡萄糖苷）以及白藜芦醇苷，芪三酚多种聚糖等。对卡他球菌、葡萄球菌、链球菌、大肠杆菌、绿脓杆菌等均有抑制作用，对疱疹病毒等多种病毒抑制作用明显，对钩端螺旋体有一定杀伤作用。有清热利湿，活血解毒等功效。

贯众注释见配方 2，半枝莲注释见配方 1，蒲公英的药理作用见配方 24。

配方 4：地榆 10g　玄参 10g　金银花 10g　黄连 2g　甘草 20g

【调制和用法】将以上五味中草药加清水 1 000～1 500ml 浸泡数小时，加热煎煮至剩液 500～600ml，离火冷却过滤，获得药液喷脾 12～15 框蜂，病轻者喷 30 框蜂。或者配成 50％浓度糖浆溶液喂蜂，每群每次喂 100～150ml 两天 1 次，病重者每天 1 次。

【注释】（1）地榆，含有地榆苷、地榆皂苷 ABE、地榆柔质等，对致病球菌、杆菌有抑制作用，有止血解毒等功效。

（2）玄参，化学成分有环烯醚萜类化合物（哈巴苷，玄参苷元，6-对甲基梓醇、植物甾醇、生物碱等，对多种病菌有抑制作用，有抗炎解毒、凉血滋阴等功效）。

（3）黄连，含有小避碱、黄连碱、甲基黄连碱、防己碱、药根碱等生物碱类，还含有酚类化合物，如酚性生物碱、阿魏酸、二羟基苯乙醇葡萄糖苷等，对微生物、原虫以及一些真菌类均有不同的抑制作用，对阿米巴原虫、滴虫、小孢子菌亦有颉颃作用，具有抗炎、清热燥湿、解毒等功效。

金银花注释见配方 2，甘草注释见配方 1。

配方 5：桔梗 10g　远志 5g　甘草 10g　款冬花 5g

【调制和用法】基本和配方 6 相同。

【注释】(1) 桔梗，化学成分有五环二萜苷、甾体苷、多聚糖、脂肪酸、维生素（维生素A、维生素B等），有抗炎、解热、消肿、增强机体免疫力的功效。

(2) 远志，根内含有远志苷、远志皂苷甲乙、远志糖醇、远志碱、糖类以及脂肪等。对革兰氏阳性菌、痢疾杆菌、伤寒杆菌、大肠杆菌等致病菌类有明显的抑制作用，有消肿、安神的功效，对滴虫有杀伤作用。

(3) 款冬花。化学成分有芸香苷槲皮素、山柰素-3-阿拉伯糖等黄酮化合物，含有款冬酮、款冬素、千里碱、款冬二醇、降香醇、阿魏酸、咖啡酸、当归酸、没食子酸、蒲公英黄素、β-谷甾醇、挥发油等多种物质，有消炎、增强抵抗力的功效。

配方6：华千金藤50g（或爬山虎）　芦荟50g

有的是华千金藤单独使用，或配维生素A、维生素B各10片。

【调制和用法】把华千金藤（海南金不换）加入1 000ml清水，煎煮至500～600ml，过滤得药液，配成药物糖浆。将芦荟（鲜叶皮）捣烂，加入50ml搅拌过滤得芦荟汁备用。

华千金藤糖浆可喂蜂14～15框，芦荟汁喷脾12～14框。

【注释】(1) 华千金藤根茎含有多种生物碱（千金藤碱、道藤碱）、己胺等成分，具有抗炎、清热解毒、祛风利湿等功效。

(2) 芦荟的肉质叶片中含有芦荟大黄素苷、对香豆酸、草钙酸、戊醛糖、葡萄糖、蛋白质等成分。芦荟水浸液（1∶2）对表皮真菌和其他真菌、多种细菌有抑制作用，并有杀虫、清肝、泻下功效。

配方7：千里光250g（鲜）　白头翁50g（鲜）　金银花250g（鲜）

【调制和用法】将千里光、白头翁、金银花三种新鲜枝叶切碎入锅，加入约1 000ml清水，烧开后改文火继续煮30min，滤出药液，加入白糖配成糖浆喂蜂（糖浓度40%～50%），治疗包括蜜蜂囊状幼虫病在内患各种幼虫病的蜂群。

每晚喂1次，喂量150～200ml，连喂5～6次。以上药液剂量大约可喂20框蜂以上。要现煮现喂，药液不能久存。

【注释】(1) 千里光，全草入药，含有千里光生物碱类、萜类、萜类内酯、羟基苯乙酸，还含有出槲皮素、山柰酚、异鼠李素等26种黄酮化合物，还有胡萝卜苷、豆甾醇、糖醛苷类，挥发油等化学成分，具有广谱抑菌、杀伤钩端螺旋体、滴虫作用，并有清热解毒、抗炎消肿等功效。

(2) 白头翁，根入药。化学成分有二萜类皂苷、白头翁素等多种有效物质，对球菌、杆菌等致病菌有明显的抑制作用，对一些真菌、酵母菌、锥虫、流行感冒病毒等均有抑制和杀灭作用。白头翁煎液有明显的抗阿米巴原虫作用，并具有清热解毒、凉血止痢功效。

金银花注释见配方2。

配方8：苍术50g　青木香30g　贯众50g　罂粟壳50g　甘草20g。

【调制和用法】将以上五味中草药放入锅内，加入1 000～1 200ml清水，浸泡1～2h，加热煮至剩药液400～500ml，过滤得药液备用。待冷凉后，直接喷脾（带蜂），每群喷30～40ml，隔天1次，喷4～5次即显效。或者药液内加入白糖，配成药物糖浆喂蜂，每群喂150ml，加继箱群可喂250ml，结合消毒、换箱、换脾进行综合防治。

【注释】(1) 苍术，根入药，根茎含5%～9%的挥发油（苍术醇、苍术酮、苍术素、苍术素醇、菖烯、榄香烯、葎草烯、桉叶醇等），还含有锂、钛、锑、镓等25种微量元素。

(2) 青木香，又称土麝香，根、茎、叶、果实入药，含有木兰碱、马兜铃酸、马兜铃内酰胺以及挥发油等成分，其根部总酸性成分约为0.31%。对葡萄球菌、绿脓杆菌、大肠杆菌及变型杆菌均具有不同程度的抑制作用，可增强免疫系统功能。性苦寒，有解毒、消肿等功能。

(3) 粟壳，即罂粟壳，含有吗啡、可卡因、那可汀、罂粟碱、蒂巴因等生物碱类，以及景天庚糖、甘露庚酮糖、肌醇、赤藓醇等。罂粟壳味酸涩、有微毒，具有消炎、止痛、抑菌作用。用罂粟壳组成的配方，对消化道炎症和细菌性痢疾有显著的疗效。

贯众注释见配方 2，甘草注释见配方 1。

配方 9：黄柏 10g　黄芩 10g　黄连 10g　大黄 8g　金不换 10g　穿心莲 15g　金银花 20g　雪胆 15g　党参 5g（或人参）　五加皮 5g

【调制和用法】将十味中草药入锅，加水 1 500ml 煎煮至剩液 800～1 200ml，将药液倒入 3 500～4 000ml 糖浆（1∶1）内，搅拌均匀喂蜂，可喂 25～30 群。每天傍晚喂 150～200ml，连喂 3 次即可。此药种类多、量大，在煎煮时事先将原药用清水浸泡一下洗净再煮，煎煮时间可长一些，把有效药物成分尽量释放出来。

【注释】(1) 雪胆，葫芦科雪胆植物提取的雪胆素，具有清热解毒、抗炎消肿、止痛、抑菌等多种作用，对不少杆菌、球菌有抑制功能。

(2) 五加皮，又名刺五加，根皮入药，多种苷类为主要成分，如胡萝卜苷、紫丁香苷、乙基半乳糖苷等，此外还有棕榈酸、亚麻仁油酸、多糖、维生素 A、B，以及甲基水杨酸等挥发油类，具有较强的抗菌、抗炎作用，对细菌、病毒、真菌等病原引起的疾病有良好的治疗效果。五加皮性味辛苦，温，有祛风湿、消炎、增强免疫力的功效。

(3) 黄柏，主要含有小檗碱、药根碱、木兰花碱、黄柏碱、N-甲基大麦芽碱、常叶防己碱等多种生物碱类，以及甾醇类、柠檬苷素类等，具有广泛抗病原微生物作用。黄柏水煮液或醇浸剂对金黄色葡萄球菌、白色葡萄球菌、柠檬色葡萄球菌、溶血性链球菌、炭疽杆菌、霍乱弧菌、伤寒杆菌等均有抑制作用，对致病真菌亦有抑制作用，对痢疾杆菌、结核杆菌和钩端螺旋体有较强抑制作用。黄柏性味苦寒，有清热解毒、燥湿等功效。

(4) 黄芩，根入药，主要化学成分有黄酮类如黄芩苷元、黄芩苷、汉黄芩苷、汉黄芩素、黄芩新素等，有较广的抗菌谱，对球菌如金黄色葡萄球菌、溶血性球菌、杆菌类如痢疾杆菌、炭疽杆菌、大肠杆菌、绿脓杆菌、伤寒杆菌、变型杆菌、霍乱弧菌等均有抑制作用，还有抗氧化作用。黄芩性味苦寒，具有解热燥湿、解毒镇静等功效。

(5) 党参，根入药，化学成分有10多种甾醇类、21种糖苷类、5种以上生物碱、34种挥发油、13种三萜类等，成分繁多。能增强机体免疫力和抗病力，调节机体生理功能，并有滋补作用。党参有生津补血、补中益气的功能。

(6) 穿心莲（一见喜）含有大量的苦味素，穿心莲内酯、β-谷甾醇、葡萄糖甙、黄酮化合物等，具有抗菌、消炎、镇静、清热解毒和增强免疫力的作用。

黄连注释见配方4，大黄注释见配方1，金不换即华千金藤，注释见配方6，金银花注释见配方2。

配方10：五加皮15g　金银花10g　桂枝5g（或紫苏）　甘草5g

【调制和用法】四味中草药混合入锅，加清水800～1 000ml，煮开后改文火再煮25～30min，过滤得药液400～500ml，加入白糖配成50%浓度药物糖浆（白糖与药液之比1∶1）喂蜂。每日每群（10～12框蜂）喂150ml左右，病重群可增加喂量至200～250ml，两天喂1次，连喂3～4次。

【注释】桂枝，又称川桂枝、蜜桂枝，嫩枝入药。含有多量的多种挥发油（桂皮油），约占1%～2%，主要成分有桂枝醛、桂枝酸，少量乙酸桂皮酯、乙酸苯丙酯等，对伤害杆菌、葡萄球菌等菌类以及真菌均有较强抑制作用，对流感病毒亦有一定抑制作用。桂枝具有发汗解表、温经通脉、解热、活血、镇痛等功效。桂枝内含的桂皮醛能扩张外周血管、增强机体代谢作用。

五加皮注释见配方9，金银花注释见配方2，甘草注释见配方1。

配方11：马鞭草30g　车前草30g　墨旱莲15g　积雪草30g　刺苋15g　大蒜15g

【调制和用法】先将前五味草药洗净入锅，加 2 000ml 左右清水煮沸后，改为文火煮 20～30min，冷却，过滤去渣，得滤液加白糖配制成药物糖浆。最后掺入大蒜汁，搅拌均匀喂蜂。

此剂量可喂 10～15 框蜂，每 2 天喂 1 次，连喂 3～4 次为一个疗程，轻者喂 5～7 次即愈，病情重者可延长饲喂时间，增加饲喂次数。安徽省沈磊用此配方制剂治疗中蜂囊状幼虫病，收到较好的效果。

【注释】(1) 马鞭草，全草入药。主要化学成分有马鞭草苷、腺苷、苦杏仁酶、鞣质、强心苷、维生素 B、挥发油等。对细菌、病毒有明显的抑制作用。马鞭草茎叶水或醇提取物，有消炎、镇痛、解毒、活血、消瘀、散热等功效。

(2) 墨旱莲，又称鳢肠、金陵草。全草入药。茎叶内含有皂苷、烟碱、鳢肠素、多种噻吩化学物、维生素 A 等。墨旱莲水煎剂、酊剂对白喉杆菌有较强的抑制作用，对金黄色葡萄糖球菌、溶血性链球菌、枯草杆菌、大肠杆菌等治病菌类均有一定的抑制作用。墨旱莲的性味甘、酸、甜，具有凉血、止血、镇痛、止痢、滋阴等功效。

(3) 积雪草，又名马蹄草、大叶金钱草，全草入药。化学成分有积雪草苷、羟基积雪草苷、玻热模苷、参枯尼苷、积雪草酸、积雪草碱等。具有明显的抗菌、消炎、抗病毒作用。积雪草性味苦辛，具有清热除湿、解毒的功效。

(4) 车前草，又名猪耳草，全草入药。主要化学成分有车前苷、桃叶珊瑚苷、乌苏酸、β-谷甾醇、有机酸类、有机碱、多种维生素（A、C、K），还含有芹菜素、木樨草素等黄酮类。具有抑菌、消炎作用，其性味甘、温，具有清热、解毒、利尿的功效。

(5) 刺苋，又名野苋菜，有刺者称为刺苋。全草入药，其性味甘温，具有清热解毒、凉血、消肿等功效。

(6) 大蒜，鳞茎（蒜头）入药，含有大蒜素、大蒜辣素、多种烯丙基、硫醚化合物、丙醛、茂醛、水芹烯、拢牛儿醇、柠檬醛类。具有明显的抑菌、杀菌、杀虫作用，对多种致病球菌、杆菌以及病毒、真菌等均有抑制和杀灭作用。5%～15%的大蒜浸液可立即使阿米巴原虫失去活力，0.5%大蒜液 5min 后可使滴虫失去活力，对蜜蜂囊状幼虫病有良好的疗效，和其他药配伍治疗美洲幼虫腐臭病、欧洲幼虫腐臭病以及蜜蜂麻痹病等也有较显著效果。大蒜性味辛、温，有解毒、杀虫、行滞气的功效。

配方 12：苦参 20g　黄连 10g　黄芪 15g（或沙棘）　连翘 10g　贯众 20g　金银花 10g　菖蒲 20g

【配制和用法】将七味中草药入锅，加入适量的水（2 倍水）浸泡 1h 左右加热煎煮，煮沸维持文火 30min 后，冷却过滤得药液，加糖配制成药物糖浆喂蜂。平箱每次喂 150～200ml，继箱 200～250ml，重病群 300ml。隔天喂 1 次，连喂 3～5 次可见效，直至痊愈。

【注释】（1）苦参，根入药，含有多种生物碱如苦参碱、异苦参碱、槐果碱、异槐果碱、槐胺碱、槐醇等。还含有苦醇、异苦参酮、苦参醇等黄酮类，对病原微生物如大肠杆菌、痢疾杆菌、变型杆菌、链球菌、葡萄球菌等多种杆菌、球菌均有抑制作用，还可抗炎、消肿、增强白细胞活性。苦参性味苦寒，有清热燥湿、杀虫、利尿、解毒的功效。

（2）黄芪，根部入药。主要化学成分有β-谷甾醇、亚油酸、亚麻酸（蒙古黄芪根）、γ-氨基丁酸、天冬素、胡萝卜苷、异黄烷、胆碱、黄芪多糖和 21 种氨基酸。临床证明，黄芪能有效抗病毒、抑菌、抗炎和促进细胞生理代谢，增强免疫力。黄芪性味甘、微温，有补气升阳、益卫固表、消肿、生肌等功效。

（3）连翘，果实入药。含有连翘酯苷（A、B、C、D）及连翘酚稀、蒎烯、崁烯、柠檬烯、樟脑、香叶醛、龙脑、萜品醇等多种甾体类化合物，还含有连翘苷、连翘苷元、白桦脂酸、齐墩果酸、熊果酸、松脂素等三萜类。连翘抗菌谱广，能抑制多种细菌，杀伤钩端螺旋体，对多种致病真菌和病毒也有抑制作用。连翘性味苦微寒，有清热解毒、消痛散结的功效。

（4）菖蒲，又名石菖蒲，根茎入药。化学成分有多种挥发油，如β-细辛脑、胡椒粉甲醚等，有行气止痛、消炎、解痉、化湿、宁神的功效。

黄连注释见配方4，贯众、金银花注释见配方2。

配方13：虎杖20g　板蓝根20g　紫草20g　甘草5～6g

【调制和用法】将四味草药入锅，加水1 000ml浸泡1～2h后，煎煮至剩液500～600ml停火冷却，过滤得药液，加白糖配成药物糖浆。或用药液喷脾，蜂脾上呈现雾湿为宜。喂蜂量，以上药液糖浆可喂3～4群蜂。每次每群喂150～200ml，2天喂1次，连喂3～5次可获得较好疗效。喷脾其药效相同。

【注释】板蓝根内含有芥子苷、靛红、β-谷甾醇、菘蓝苷等，对一些病菌有明显的抑制作用。具有清热解毒、提高机体免疫力等功能。虎杖注释见配方3。紫草（主要是根部）中含有紫草醌、乙酰紫草醌、紫草烷、异戊酰紫草素、去氧紫草素、β-羟基异戊酰紫草醌等，有明显的抗病原微生物、抗炎作用，有解毒、活血、兴奋机体的功效。

配方14：半枝莲30g　虎杖30g　射干30g

【调制和用法】三味中草药加清水800～1 000ml浸泡1～2h后，加热煮沸后文火维持30～40min。过滤去渣，获得药液400～500ml，冷却液喷蜂脾。或加白糖配制成常规比例（1：1）的药物糖浆喂蜂，每次每群（10～12框蜂）150～200ml，连喂3～4次。喷脾掌握以雾湿为度（每群喷液30～40ml），隔天1次，连喷4～5次，病重群每天1次。

【注释】射干为鸢尾科植物，根茎入药。化学成分主要有鸢尾苷、鸢尾黄苷、射干定、鸢尾黄酮类，还含有三萜类和苯丙酮类化合物等。具有抗病毒（流感病毒、腺病毒、孢疹病毒等）、抗炎、清热解毒功效。

半枝莲注释见配方1，虎杖注释见配方3。

配方15：半枝莲30g　贯众25g　野菊花25g　生侧柏叶25g　射干25g

【调制和用法】将五味药洗净入锅，加清水 2 000ml 浸泡 1～2h，加热煎煮至药液剩 1 000～1 200ml 时停火冷却，过滤后获得药液。将药液加入白糖，配成药物糖浆喂蜂，每晚每群喂 150～250ml，两天喂 1 次，连喂 4～5 次为一个疗程。病情严重者可延至两个疗程。

【注释】(1) 野菊花，花朵入药。含有较多的挥发油(0.13%)、菊苷、腺嘌呤、胆碱、刺槐素、水苏碱以及多种维生素等，对多种致病细菌、流感病毒、钩端螺旋体等均有一定抑制作用。野菊花性味甘，微寒，有清热、解毒、止血等功效。人工栽培的菊花功用相同。

(2) 生侧柏叶，又称侧柏叶，其嫩枝和叶片入药。主要成分包括：大量的挥发油、槲皮苷、黄酮类及其化合物，还含有脂肪酸、树脂类、鞣质、维生素 C 及多种矿物质（Ca、Na、Fe、Mg、P、Zn、K、Mn、Zn 等)，能抑制多种病原菌、流感病毒和疱疹病毒等。侧柏叶性味苦涩，微寒，有止血镇静功能。

半枝莲注释见配方 1，贯众注释见配方 2，射干注释见配方 14。

配方 16：虎杖 15g　防风 10g　罂粟壳 10g　蝉蜕 6g　山豆根 15g　甘草 6g　食母生和维生素 B_2、维生素 C 适量

【调制和用法】将上述六味中药放入锅内，加清水 1 400～1 500ml,浸泡 1～2h 后，加热煮沸 30～40min，至锅内剩液只有 600～800ml 时，熄火停止煎煮，过滤得药液。将药液加白糖配成药物糖浆，冷却后再加入维生素 B_2、维生素 C 各 2 片（研成粉）和食母生 10 片（粉状)，充分搅拌均匀喂蜂。每群每次喂（10～12 框蜂）200ml，1～2 天喂 1 次，病重者每天喂 1 次，连喂 4～5 次。湖北省何传学治疗报道，此配方疗效较为显著。

【注释】(1) 防风，根入药，主要化学成分有苦味苷、甘露醇、酚类、大量挥发油、多糖、有机酸等。对一些致病菌类、某些病毒、羊毛小孢癣菌等均有抑制效果和颉颃作用。防风性味辛，甘，微温，有明显的解热、止痛等功效。

（2）山豆根，根入药，含有苦参碱、槐果碱、臭豆碱、金雀花碱等多种生物碱类，还含有柔枝槐酮、柔枝槐酮烯、柔枝槐素等多种酮类化合物及苦参碱类、对结核杆菌，霍乱弧菌以及真菌（皮肤致病真菌）、钩端螺旋体等病原均有一定杀伤作用和良好的控制作用，可增强免疫力。山豆根性味苦寒，具有清热解毒、散瘀消肿、止痛的功效。

（3）蝉蜕，又名蝉退、蝉壳，含有大量甲壳质、蛋白质、氨基酸、有机酸和少量激素。蝉蜕性味甘，寒，具有止痉、止痒、镇静安神的功效。

虎杖注释见配方 3，罂粟壳注释见配方 8，甘草注释见配方 1。

配方 17：贯众 50g　金银花 50g　甘草 6g

【调制和用法】三味中草药入锅，加清水 700～800ml 浸泡 30min，加热煮沸 20～30min，煮至锅内剩液 400～500ml，过得药液，药液中加白糖配成（1∶1）浓度的糖浆药液。10～12 框蜂的群势，每群每次每晚喂 150ml，2 天喂 1 次，连喂 4～5 天为一个疗程。或喷脾，每群喷药液 30ml 左右，连喷 3～5 次见效。

【注释】贯众、金银花注释见配方 2，甘草注释见配方 1。

配方 18：盐酸麻黄碱 2 片　维生素 D 2 片

【调制和用法】将两种药片研成粉末状，溶化于 100ml 的清水内，再加白糖 30g 增加甜味，搅拌至完全溶解后，用于喷脾给药。以上剂量可喷脾 25～36 框蜂（3～4 群）。隔天 1 次，连喷药 3～4 次停 5～6 天再喷 1 次，直至病愈。

【注释】麻黄碱，又称麻黄素，为平喘药，具有兴奋神经、扩张气管、止咳平喘、促进微循环的功能。中草药麻黄，草质茎入药，含有丰富的麻黄、麻黄碱，含生物碱达 10 种以上，其含量达 1%～2%，其中有 40%～90%是麻黄碱（麻黄素），其次还含有伪麻黄碱、甲基伪麻黄碱、麻黄次碱、儿萘黄酮和较多的挥发油等。中草药麻黄对细菌类具有不同的抑制作用，并有兴奋神经、降热等功效。成药盐酸麻黄碱应用于临床，对病毒引起的蜜蜂囊状幼虫病有良好的治疗效果。

（三）单方治疗

例 1 大蒜治疗。大蒜汁 200～300ml 加清水 1 倍，搅拌均匀为大蒜浆液，加入 50%浓度糖浆 800～1 000ml，混合均匀。每晚每群喂 100～150ml（10～12 框蜂群），病重群可加到 200ml 左右。2 天喂 1 次，3～5 次可见效。大蒜糖浆内白糖浓度不低于 30%，因糖浓度太低影响蜜蜂采食速度。大蒜有刺激性，喂后注意观察蜜蜂反应。

例 2 半枝莲治疗。取半枝莲 400g 加 2～3 倍清水，煮沸 20～30min，过滤得药液取药液喷蜂脾呈雾湿状，或者滤液加糖喂蜂，每次每晚喂 200ml，隔天 1 次。治愈率达 83%以上。

例 3 罂粟壳治疗。罂粟壳内加水 3～4 倍，煮沸后改文火煮 20min，过滤得罂粟壳液，用于直接喷蜂脾，两天 1 次，连喷 3～5 次。

例 4 喷水治疗。龚凫羌、宁守荣在《中蜂囊状幼虫病发生机理与防治方法》一文中介绍用‘水法’治疗‘中囊病’，用清洁凉水喷脾，使蜂体表呈雾湿状。喷前将子脾调入无王区，中午喷 1 次，次日喷 1 次。气温变动在 20～25℃时，可以每天喷水 1 次；气温在 25～30℃时，每天喷水 2 次；气温在 30℃以上，每天喷水 3 次。喷水治疗‘中囊病’，也可以结合药物治疗。取柴胡 20g，加水 150～200ml 煎煮 20min，取其液煎煮 3～4 次，药液混合，作 5 次使用，每次使用加入扑尔敏 1 片（4mg）拌匀。每天喷 1 次，治 3～5 天为一个疗程。也可以加入半枝莲 10g，煎法用法同上。

据了解“水法”（喷水法）治疗“中囊病”一些蜂农反应良好。研究者认为它既符合中蜂好湿的特性，又无药物残留，很经济实惠。可参阅《蜜蜂杂志》2009 年 8 期登载的《中蜂囊状幼虫病发生机理与防治方法》论文。对喷水法治疗中蜂囊状幼虫病的机理，应进一步深入研究，加深认识。

例 5 金不换治疗。用海南金不换中草药治疗蜜蜂囊状幼虫病。海南省定安南海场中学实验蜂场王加策用海南金不换煮水，配成海南金不换糖浆进行防治，159 群病蜂全部痊愈。

例 6 山乌龟治疗。用黄心山乌龟干片治疗蜜蜂囊状幼虫病。云南省药用植物研究所何远通报道：用黄心山乌龟干片 60g，加水 2 500ml，煎煮 40min 后过滤得药液，药液加糖 120g，晾凉后按 1 000ml剂量掺入核黄素或多种维生素片剂 15 粒，搅拌均匀喷脾治疗，效果较好。

第三节 蜜蜂麻痹病

一、病原

慢性蜜蜂麻痹病病毒寄生于成年蜂的头部，其次是胸腹神经节的细胞质内，肠、上颚和咽腺等也有此病毒存在。病毒颗粒为椭圆形，大小为 22nm×（30～65）nm，无囊膜（图 2-4）。蜜蜂急性麻痹病病毒为 30nm 的等轴颗粒。

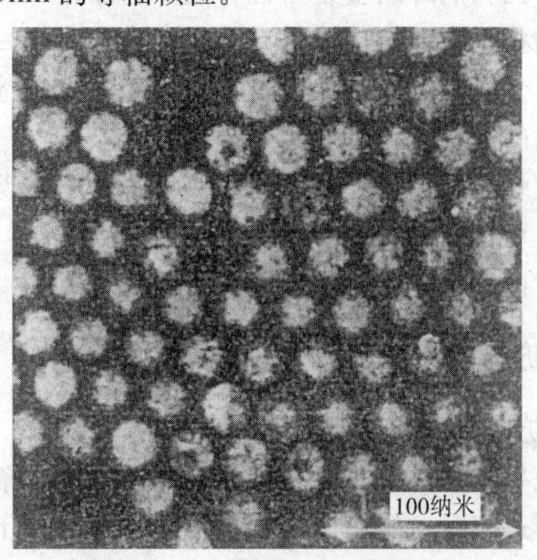

图 2-4 蜜蜂急性麻痹病病毒
（引自 Bailey，1976）

二、主要症状

蜜蜂麻痹病又称瘫痪病、黑蜂病，主要危害成年蜜蜂。根据症状可分为两种类型，一种为“大肚型”，即腹部膨大，蜜囊内充满液体，内含有大量的病毒微粒，出现身体和翅颤抖。不能飞起，多集中在巢框梁上、巢脾边缘和箱底处。有些蜜蜂爬出巢门在地上吃力缓慢爬行，呈瘫痪状。足无力，腹拖地，反应迟钝，最后死亡。另一种类型是“黑蜂型”，身体暗黑、缩小，体表油光发亮，绒毛脱落，翅边常现缺刻（被蜂拖咬、驱赶的结果），颤抖，不能飞，不久衰竭而死。一般情况春季以“大肚型”为主，秋季以“黑蜂型”为主。有时出现两种病型，但往往以一种病型症状为主。蜜蜂麻痹病症状明显，很容识别。

三、流行病学

慢性蜜蜂麻痹病在世界许多国家或地区流行。我国多在春秋季节发病，造成大量蜜蜂死亡。此病在蜂群内传播主要通过个体的食物交换传递，因为病蜂的蜜囊内含有很多病毒颗粒。食物交换或传递时，嘴对嘴将病毒颗粒传给对方。据试验查明：一只蜜蜂的蜜囊内可含有 10^{11} 个病毒颗粒。巢内花粉（蜂粮）和蜂蜜被病毒污染，也是群内传播的来源。

在群间或蜂场间传播，主要通过盗蜂发生，迷巢管理时调脾、合并蜂群等也可传播。还有的蜂场地面有大批病蜂、死蜂，健康蜂与之接触舔食而感染，并把病毒带回蜂巢而发病。

四、预防与治疗

（一）预防措施

（1）在该病发病时期，注意管理，严防发生盗蜂。

（2）蜂群过多时，蜂箱位置要有明显的标志区分，防止蜜蜂迷巢窜巢。

（3）不要轻易进行群间互调巢脾，更不能随意合并蜂群。

（4）及时清除蜂场上蜂箱周围的病死蜜蜂，集中深埋或焚烧处理。

（5）进行场地和蜂具消毒，换箱。

（6）更换老王。

（7）对初发病的个别蜂群进行隔离治疗，及时淘汰病群。

（8）保持蜂场高燥、不潮湿、不积水。蜂箱干燥，箱内不潮湿。

（二）中草药配方治疗

配方 19：半枝莲 50g　穿心莲 50g　墨旱莲 50g

【调制和用法】将以上三味药（称“三莲”）入锅，加清水 1 500～2 000ml 煮开后改为文火煮 30min 左右，冷却过滤得药 800～1 000ml，加糖配制成药物糖浆（糖浆浓度 50%）喂蜂。每群每天喂 100～150ml，病重群可喂 200ml，连喂 3～5 次，病情日益好转至愈。

【注释】半枝莲注释见配方 1，穿心莲注释见配方 9，墨旱莲注释见配方 11。

配方 20：生川乌 25g　威灵仙 30g（或两面针）　甘草 15g

【调制和用法】将生川乌、威灵仙和甘草三味中草药按配方比例混合放入锅内，加 1 000～1 200ml 清水煎煮。煮沸后维持文火煮 20～30min，冷却过滤去渣获得药液 600～700ml。将药液加白糖配成 50% 的药物糖浆喂蜂。每群（10～12 框蜂）每天每次喂 200ml，连喂 4～5 次为一个疗程，或用药水喷脾至使脾面雾湿为宜，每天喷 1 次，连续 3～4 次即可见效。

【注释】（1）生川乌，又名草乌，块根入药。主要化学成分为乌头碱、新乌头碱、乙酰塔拉地萨敏、塔拉地萨敏等，生物碱含量占 0.32% 以上。其次还含有多聚糖、酯类、维生素等。生川乌性味大温，味辛，有抗炎镇痛、强心、散寒和增强机体免疫力的作用。

（2）威灵仙又名灵仙。根和根茎为药用部分。化学成分主要有白头翁素、白头翁内脂、皂苷、甾醇、酚类、糖类、氨基酸等。威灵仙煎液对金黄色葡萄球菌、痢疾杆菌、大肠杆菌等致病菌类有明显的抑制、颉颃作用，对一些霉菌、原虫等亦有抑制功能。威灵仙性味辛，温，咸，有祛风湿、通筋络、散癖积和止痹痛的功效。

甘草注释见配方 1。

配方 21：大黄 20g　生姜 10g

【调制和用法】大黄和生姜切成薄片，放入锅内，加清水1 200ml 煮开，改为文火再煮 20～30min，待锅内药水剩 600～700ml 时，停止煎煮，过滤得大黄生姜汤。加入白糖配成药物糖浆，冷却后喂蜂。此剂量可喂 3～4 群蜂。每天 1 次，连续煮药喂蜂 5 次。

【注释】生姜，其根茎入药，主要含有丰富的挥发油，如姜醇、姜烯、水芹烯、崁烯、柠檬醛、芳樟醇等，占生姜成分的0.25%～0.3%。具有辣味的姜辣素，能分解为姜烯酮、姜酮和姜萜酮之类的混合物，具有较强的活性，使生姜具有抗菌、抗炎功能，对伤寒杆菌、霍乱弧菌以及滴虫等原虫均有明显的抑制作用。生姜性味辛、温，有发汗解表、解毒等功效。

大黄注释见配方 1。

配方 22：一见喜 40g　甘草 30g

【调制和用法】一见喜（即穿心莲）和甘草洗净一起入锅，加水 1 000ml 加热煎煮。煮沸后维持 30min 左右，锅内剩液约 600ml 停火，滤出药液，冷却后用作喷脾或加糖饲喂蜜蜂。喂法，每天每群喂 150～200ml，连续喂 4 次为一个疗程，共喂两个疗程。喷脾量，每群喷 25～30ml。也可以用于治疗因饲料不良等原因引起的“大肚病”。结合管理做到蜂多于脾或蜂脾相等，注意保温，更换受潮蜂箱，有助于提高疗效。

【注释】一见喜即穿心莲，注释见配方 9。甘草注释见配方 1。

配方 23：羌活 10g　枳壳 10g　茯苓 6g　生军 6g　前胡 10g　青皮 10g　莱菔子 10g　谷芽 10g

【调制和用法】八味中草药入锅加清水 2 000ml，煮至 1 000～1 200ml。过滤去渣，加白糖喂蜂或用药液喷脾。每群（10～12 框蜂），每次喂 150ml，病重群喂 200ml，隔天喂 1 次，连喂 4 次以上。喷脾每群喷 35ml，每天喷 1 次，喷 5 次为一个疗程。据四川省双流县张柯南治疗报道，效果较好，麻痹病的症状逐渐消失，病情好转。

【注释】（1）羌活，根和根茎入药，含有1%～6.8%的挥发油，包括蒎烯、柠檬烯、萜品烯醇、胡椒烯、苎烯、苯甲酸苄酯、愈创木醇、谷甾醇、苷类以及多种有机酸、氨基酸、酚类化合物（柠檬酚、庚醛）等。对布鲁氏菌等菌类有抑制作用。羌活性味辛、苦、温，有解热、抗炎、除湿、散寒等功效。

（2）枳壳，为酸橙的干燥幼果。主要化学成分有橙皮苷、新橙皮苷、川陈皮素、那可汀、去甲肾上腺素、色胺、二苯胺、柚皮苷，以及柠檬烯、葵醛、乙酸橙花酯等挥发油，化学成分复杂。具有抗炎、抗真菌等作用。

（3）前胡，根及全草入药。含有多种挥发油、香豆素及其糖苷、前胡皂苷、柠檬烯、谷甾醇、甘露醇、丹宁、异茴香醚、糖类及微量元素，具有抗炎抑菌作用。前胡性味苦、辛、微寒，有清热解毒、止血等功效。

（4）莱菔子，萝卜成熟的种子入药。含有芥酸、亚油酸、芥子碱、莱菔子素以及黄酮类。性味甘、平，有消食化积作用，能抗多种病菌和真菌。

（5）茯苓，为真菌。占干重93%的β-茯苓聚糖，还有三萜类化合物、乙酸茯苓酸、甾醇、腺嘌呤、胆碱、酶类、卵磷脂等。对细菌、钩端螺旋体等有抑制作用，可增强免疫力。茯苓性味甘、淡、平，有利水祛湿、健脾安神的功效。

（6）生军，即大黄，注释见配方1。

（7）青皮，橘的幼果或未成熟果实的果皮。含有多种挥发油，如柠檬烯、侧柏烯、蒎烯、月桂烯、桧烯等，还含橙皮苷类、黄酮化合物、β-谷甾醇等，具有抗炎、散结消滞等功效。

（8）谷芽，谷生芽晒干入药。含有腺呤、黄嘌呤、烟酰胺、泛酸、尿嘧啶、生物素、谷甾醇、花生酸以及糖、脂肪等。有促消化、助消食、健脾开胃的功效。

配方24：茯苓9g 大黄15g 黄芩9g 二花9g 贯众9g 山楂20g（或香木瓜） 蒲公英20g 甘草12g

【调制和用法】以上八味中草药入锅，加水4 000ml，煮至剩液 2 500ml 左右停火冷却，过滤去渣得药液。药液中加白糖 1～1.5kg，搅拌溶解得药物糖浆。每群每次喂 250～300ml，1～2 天喂 1 次，4～5 次为一个疗程。病重者可增加喂量，每群每次喂 400～500ml，连喂一个疗程；病情减轻再喂一个疗程，一般可逐渐病愈。

【注释】（1）山楂果实入药。化学成分主要有酒石酸、山楂酸、柠檬酸、枸橼酸、黄酮类、苷类、内脂、解脂酶、维生素 B_1、维生素 B_2、维生素 C、烟酸等，还含有糖类、脂肪等。对痢疾杆菌、绿脓杆菌等致病菌有较强的抑制作用。山楂性味酸、甘、微温，有消食化积、活血散瘀的功效。

（2）蒲公英，全草入药。鲜用或阴干用。对一些致病球菌、杆菌有显著抑制作用，性味苦、甘、寒，有解毒消痈、清肝明目、利尿、健胃等功能。为清热解毒药。

茯苓注释见配方 23，大黄注释见配方 1，黄芩注释见配方 9，二花即金银花，注释见配方 2，贯众注释见配方 2，甘草注释见配方 1。

配方 25：泽泻 30g　黄芪 10g　白术 20g　当归 30g（或何首乌）黄连 30g　生姜 30g　半夏 5g　党参 30g　黄柏 10g　枳实 10g

【调制和用法】将十味中草药入锅，加清水 4 000～4 500ml 浸泡 1～2 小时，加热煮沸后改文火煮 20～30min，锅内剩液约 2 000ml时停火，冷却过滤获得药液。药液中加白糖 900～1 000g，搅拌溶化喂蜂。

喂法：每群（10～12 框蜂）每次喂 300ml 左右，1～2 日喂 1 次，连喂 6 次以上，并结合换箱消毒、紧缩巢脾、密集群势等管理措施，提高疗效和治愈率。注意：此配方中草药数量大、种类多，应煮透使药物成分尽量析出，必要时可延长煎煮时间 30～40min。一般情况下治疗一两个疗程（喂 5～6 次为一个疗程），即可减轻症状至恢复健康。

【注释】（1）泽泻，块茎入药。主要化学成分有三萜类化合物、泽泻醇 A、B、乙酸泽泻醇 A 酯、乙酸泽泻醇 B 酯和表泽泻 A，还含有生物碱类、天冬门素、甾醇、甾醇苷、多种挥发油、脂肪酸、树脂等(树脂为蜂胶原料之一),泽泻有利水渗湿、泄热、消炎等功效。

(2) 白术，根入药。含有芹烷烯酮、倍半萜、乙酰氧基苍术酮、白术内酯A、B以及苍术醇、苍术酮等挥发油，约占总成分的1.4%。白术煎剂能增强巨噬细胞吞噬和抗病能力，提高免疫力。白术性味苦、甘、温，有补气、燥湿利水等功效。

(3) 半夏，块茎入药。主要化学成分有β-谷甾醇、原儿茶醛、尿黑酸、尿嘧啶、半夏乙碱、烟酰胺、棕榈酸、异油酸、多种氨基酸、硬脂酸等。还含有麻黄碱和18种微量元素。性味温、辛，有解毒、行瘀、燥湿等功效。

(4) 当归，根入药。主要化学成分有藁本内脂、正丁烯肽内脂、阿魏醛、烟酸、丁二酸、尿嘧啶、糖类、多种氨基酸、胆碱以及倍半萜A、B、香荆芥酚、当归芳酮、棕榈酸、苯二甲酸酐等挥发油类。其中内脂约占一半以上。

当归具有抗菌作用，对伤寒杆菌、痢疾杆菌、副伤寒杆菌、霍乱弧菌、变型杆菌、大肠杆菌、溶血性链球菌等多种致病菌均有抑制作用，可增强免疫能力。性味甘、辛、温，有补血和血、止痛润燥等功效。

黄连注释见配方4，黄柏注释见配方9，黄芪注释见配方12，生姜注释见配方21，党参注释见配方9，枳实注释见配方30。

配方26：大蒜200g　米醋50g

【调制和用法】大蒜剥皮洗净，捣碎成蒜泥，加清水500ml，搅拌均匀后，放入米醋再搅拌。封口放置2～3天，滤去蒜渣，便成为蒜醋混合液，装入瓶内封严备用。

准备1 000ml 1∶1浓度的糖浆，取60ml左右的蒜醋混合液倒入糖浆内，混合均匀喂蜂。每群（10～12框蜂）每晚喂150～200ml，连喂5～7天。此配方不仅能治疗蜜蜂麻痹病引起的“大肚病”，还可以治疗蜜蜂孢子虫病、细菌引起的下痢等疾病。大蒜有刺激性，喂后注意观察蜜蜂的反应。

【注释】

大蒜注释见配方11。米醋市场有售或用普通食用醋代替。

配方 27：南刺五加 50g　虎杖 50g　大黄 40g

【调制和用法】三味中草药入锅，加清水 1 000～1 200ml，煎煮至锅内剩液 500～600ml 用于喷蜂脾，每群（10～12 框蜂）喷 30ml 左右，以蜂体和脾面雾湿为宜。两天喷 1 次，连喷 4～5 次为一个疗程。病未好，再喷第二个疗程。如果气温低，或阴雨天，可以改为加糖喂蜂，每群每晚喂 200ml 左右，1～2 天 1 次，连喂 3～4 次，不好的再喂一个疗程。药内适当加些大黄苏打片（研成粉）还可以防治真菌引起的一些疾病（白垩病等）。

【注释】南刺五加即五加皮，注释见配方 9；虎杖注释见配方 3；大黄注释见配方 1。

（三）单方治疗

例 1　大蒜治疗。有些养蜂者只采用取材容易的大蒜防治蜜蜂麻痹病。将大蒜剥皮洗净，捣成大蒜泥，配成蒜汁糖浆喂蜂。为提高蜜蜂采食积极性可提升糖浆浓度为 50%～60%，每 100ml 糖浆加入 40～50ml 的蒜泥水。第一次每天喂 50～100ml 蒜泥糖浆，蜜蜂习惯采食后，每天增加到 150～200ml。

例 2　藿香治疗。藿香新鲜植株或干植株，切碎，加倍水煎煮取滤液喷脾或加糖喂蜂。没有现存的藿香，可以使用市售的藿香正气水或藿香正气丸、藿香正气散治疗蜜蜂麻痹病。藿香正气水主料是藿香（广藿香），广藿香的叶和茎、种子皆可入药，含有大量的挥发油（占 1.5%左右），含藿香醇 52%～57%，还含有苯甲醛、丁香酚、异茴香脑、茴香醛、茴香醚、柠檬烯、倍半萜烯痉类等。

藿香煎剂能抑制黄癣菌、毛癣菌等 15 种致病性真菌，还有抗病毒等作用。藿香性味微温、辛，有化湿、解热、助消化等功效。将藿香煎液或藿香正气水配制为药物糖浆（1 支藿香正气水＋浓糖浆 200～300ml），每群每晚喂 150ml，每天 1 次，连喂 5 次以上。1 支藿香正气水配制的糖浆，大约喂 12～15 框蜂为好。市售的“藿香正气丸”和“藿香正气散”等药品，也是以藿香为主料配制的，还有紫苏、白芷、桔梗、厚朴、半夏、陈皮、茯苓、白术、生姜等多种中草药，都对蜜蜂麻痹病有良好治疗效果。

第四节　蜜蜂死蛹病

蜜蜂死蛹病又称蜜蜂蛹病，是危害蜂蛹为特点的主要传染病之一。1982 年在我国南方地区突然暴发，蔓延流行到全国，至今一些地区还时有发生。

一、病原

蜜蜂死蛹病的病原为蜜蜂死蛹病病毒（Bee pupa-death virus）. 病毒粒子为椭圆形，大小为 33 纳米×42 纳米，无囊膜。

二、主要症状

病毒主要危害蜂蛹。感染病毒后，病蛹失去光泽、失去红润和饱满度，体色由灰白色逐渐变成浅褐色至深褐色，死亡的蛹呈暗褐色和黑色。第二个特征症状是死蛹尸体无臭味、无黏性，多半被工蜂咬破巢房盖，呈现“白头蛹”，露出的死蛹最后干枯，很少有发育好出房的幼蜂（图 2-5）。即使有少数幼蜂出房，也体弱，多死于巢外，有的无力出房死在巢房内，巢脾面出现“插花子脾”（有间隔空房）。蜜蜂哺育花费大量能量和食物营养，发育到蛹期，结果变成死蛹，从营养消耗来看，比在幼虫期死亡的损失更大，危害

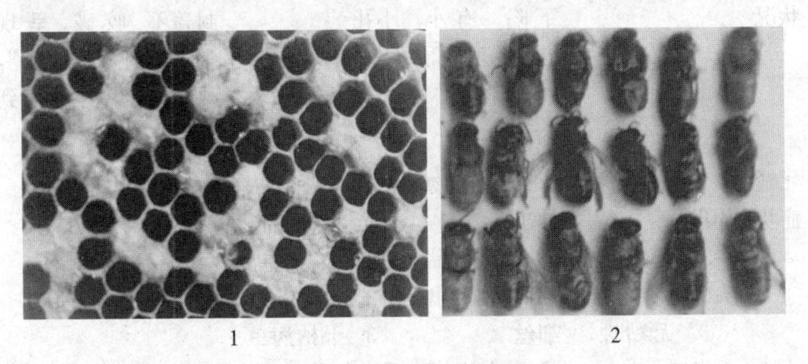

1　　2

图 2-5　死蛹病的危害

1. 死于巢房内蜂蛹（未出房）　2. 被拖出巢防外的老蛹或幼蜂

更严重。不但没有增加新蜂，反而由于哺育、保温等繁重的巢内劳动，拖老了或“催死”了一批成年蜂，同时消耗了大量的饲料，这就是蜜蜂死蛹病比其他传染病对蜂群“危害更大”的地方。

蜜蜂死蛹病，从20世纪80年代初发生后，1986年蔓延到一些省份，还有些地方对此病接触较少、分辨不清，常常与其他疾病，如蜜蜂囊状幼虫病、美洲幼虫腐臭病、蜂螨以及巢虫危害引起的死蛹病相混淆，需要认真进行区分鉴别，以便正确确诊、及时治疗（表2-1）。

表2-1　死蛹病与其他病引起的蛹体死亡症状比较

比较项目	死蛹病	美洲幼虫腐臭病	蜜蜂囊状幼虫病	蜂螨	巢虫
发病时间	南方1～2月 中部2～4月 北方6～8月	夏秋季多发生	南方3～4月和11～12月 中部4～5月和10～11月 北方5～6月和12～2月		
发病虫龄		5～6日龄发病，封盖前后死亡	1～2日龄感染，5～6日龄发病，封盖时死亡		
房盖状况		巢房湿润下陷，有小孔。出现“插花子脾”	房盖上有小孔	巢房封盖不整齐，死蛹头伸出	成片房盖咬破，呈现“白头蛹”，巢内可找到巢虫
死蛹症状	1. 死蛹吻不伸出 2. 呈现“白头蛹” 3. 无黏性，无臭味 4. 头不上翘	1. 死蛹吻伸出 2. 具黏性，可拉出细丝 3. 有腥臭味	1. 死虫（蛹）无黏性、呈囊状 2. 无臭味 3. 干枯病虫呈龙船状		

（续）

比较项目	死蛹病	美洲幼虫腐臭病	蜜蜂囊状幼虫病	蜂螨	巢虫
幼蜂状态				1. 幼蜂有的翅缺，有的翅残 2. 巢内可找到蜂螨	出现残蜂、翅残等

死蛹病是蜜蜂死蛹病病毒入侵所致，导致大量蜂蛹死亡；美洲幼虫腐臭病、蜜蜂囊状幼虫病主要危害幼虫，只有少量蜂蛹延至蛹期死亡；蜂螨和巢虫在巢内寄生繁殖，使蜜蜂幼虫、蛹生长发育受影响，只是引起一部分蜂蛹死亡或发育不全，成为残蜂。也就是说，死蛹病直接危害蜂蛹，而美洲幼虫腐臭病、蜜蜂囊状幼虫病等不主要危及蜂蛹，只是波及蜂蛹造成少数蜂蛹死亡。其他的蜜蜂疾病，如蜜蜂麻痹病主要危害成年蜂，见图 16 所示。在蜜蜂的几大疾病中，尽管死蛹病只危害蜂蛹，但可造成蜂蛹大批死亡，对蜜蜂生存和繁殖影响极大，“只见蛹，不见蜂”，蜂群繁殖不良，损失很大。

三、流行病学

病死蜂蛹和被污染的巢脾及饲料是蜜蜂死蛹病的主要传染源，带病毒的蜂王和蜜蜂进行食物交换，是又一重要传染途径。意蜂易发生此病，而且较严重；而中蜂发病率低，表现较轻。发病地区起始于南方，后扩大到中北部地区。1982 年云南、四川个别蜂场发生，1985 年扩大到江西、安徽、浙江等省，1986 年全国 12 个省（市）发生蜜蜂死蛹病，1987 年 20 个省、自治区感染发病。发病时间云南、福建为 1～2 月，四川为 2～4 月，江西、浙江多在3～4 月，陕西 4～6 月，甘肃 6～8 月。蜜蜂发生死蛹病的适宜温度为

10～21℃，早春寒潮过后，发病率高。

四、预防与治疗

（一）预防措施

（1）增强蜂群抗病性和清除病死蜂蛹的能力，做法是养强群，合并弱群，提出空脾，做到蜂脾相称或蜂多于脾，密集蜂群。

（2）个别蜂群有病兆出现时，及时隔离治疗，防止病情扩大。

（3）清除箱内和蜂场上的死蜂和污染物，严格消毒蜂箱、蜂具。

（4）防止发生盗蜂，不能随意调脾，防止群间传染。

（5）每年发病季节，如南方1～2月份，北方4～5月份，最好用中草药预防一次。气温低、有寒潮袭击时注意保温。

（6）有条件的蜂场，在发病期间选择不发病或发病较轻的蜂群育王，更换旧王。

（二）中草药配方治疗

用蛹泰康治疗，每包加清水500ml，搅拌均匀后喷脾。每群蜂喷30～40ml药液，3～4天1次，连续喷5～6次为一个疗程，病情可得到控制，直至病情好转、病愈。据报道，1987—1990年先后在四川省一些蜂场选择抗病力强的蜂王并引进良种蜂王1 400只，推广卵虫育王法培育新蜂王28万只，结合蛹泰康药物治疗5万余群蜂。抽样检查，发病率已由29.9％（1987）降至3.3％（1990），治疗效果显著，减少蜂群损失50万群，挽回经济损失750万元。实例证明：不用易污染的抗生素和化学药物，用其他无污染的药物，也可以控制和治愈蜂蛹病。

下面介绍中草药等治疗该病的配方，以便蜂农选用。

配方28：五加皮30g　金银花15g　桂枝10g　甘草10g

【调制和用法】将四味中草药洗净放入锅内（最好是砂锅），注入清水1 500ml，浸泡1～2h，加热煮开后改文火煎煮20～30min。锅内药液剩700～800ml时停火冷却，过滤获得药液。如有条件分三次煎煮，将三次煎液混合。如没有条件和时间（野外放蜂），可采用上法一次煎煮时间加长。滤液喷脾或配成药物糖浆喂蜂，每群每次喂 200～400ml，每天 1 次，连喂 4～5 次为一个疗程，重病群可用两个疗程。

【注释】五加皮注释见配方 9，金银花注释见配方 2，桂枝注释见配方 10，甘草注释见配方 1。

配方 29：黄柏 20g　大黄 15g　黄芩 20g　黄连 20g　穿心莲 20g　金银花 30g　金不换 20g　雪胆 25g

【调制和用法】将上述中草药混合入锅，加清水 3 000ml，共煎煮 20～30min（先用爆火，煮开改后用文火煮），锅内剩液大约 2 000ml 时熄火停煮，过滤获得药液并配制成药物糖浆喂蜂。每群每天喂 200～250ml，重病群喂 300ml，连喂 3～5 次，病情可得到控制、减轻并逐渐病愈。此配方疗效好。

【注释】黄柏、大黄、黄芩、黄连、穿心莲、金银花、金不换的注释分别配方 9、1、9、4、19、2 和 6。雪胆为葫芦科植物雪胆的提取物雪胆甲、雪胆乙的混合物，药效好，注释见配方 9。

配方 30：板蓝根冲剂 15g　牛黄解毒丸 5 粒

【调制和用法】将牛黄解毒丸研成粉末与板蓝根冲剂混合，拌入 1 000ml 糖浆内（糖浆浓度 45%或 50%），使溶解完全均匀，喂蜂。每天喂 1 次，每次每群喂 300ml 左右，连喂 2～3 次。

【注释】牛黄解毒丸（片），为中成药，由牛黄、雄黄、大黄、黄芩、石膏、冰片等药物配制而成。具有清热解毒、抗菌、抗炎、泻火、镇痛等功能。板蓝根冲剂注释见配方 13。此配方也可以治疗蜜蜂麻痹病等病毒引起的疾病。

配方 31：党参 5g　五加皮 5g　黄芩 10g　雪胆 15g　黄连 10g　穿心莲 15g　大黄 8g　黄柏 10g　金不换 10g　桂圆 5g　麦芽 15g　金银花 20g

【调制和用法】此配方共计 12 味中草药，种类多、总量大，煎煮要充分。每剂药加清水 4 000～4 500ml，浸泡 1～2h，煮开后改文火继续煮 30min，剩液 2 000～2 500ml 即可滤出使用。加糖配制成药物糖浆，喂 8～10 群蜂的一次量。每天每群喂 200～300ml，连喂4次为一个疗程，一般治疗一两个疗程可见效。

【注释】(1) 桂圆，又称龙眼，果实入药，含有糖类（葡萄糖、蔗糖)、酒石酸等酸类、蛋白质、脂肪以及腺嘌呤、胆碱、核黄素和大量的微量元素等。具有抑菌、补血、抗衰、增强免疫力的功能。

(2) 麦芽，成熟麦子发芽干燥而成。含有麦芽苷、麦芽碱、酶类以及淀粉、麦芽糖、蛋白质、维生素B类等。具有促消化、消食和中的功效。

(3) 党参、五加皮、黄芩、雪胆、穿心莲、黄柏的注释见配方9。黄连、大黄、金不换、金银花的注释分别见配方4、1、6、2。

第五节　美洲幼虫腐臭病和欧洲幼虫腐臭病

美洲幼虫腐臭病和欧洲幼虫腐臭病是两大危害蜜蜂幼虫、传染性很强的细菌性疾病，尤其是欧洲幼虫腐臭病的病原菌对不良的外界环境具有较强的抵抗力和耐过性，且在不利的环境条件下能形成芽孢，抵抗力更强，在繁殖期和生产季节均能引起蜜蜂发病，在夏天气温高时发病严重。两种细菌感染的欧幼病，主要感染幼虫，致使幼虫发病，病情严重时造成大批蜜蜂幼虫死亡，导致蜂群群势大减或整群死亡，轻者使蜜蜂繁殖减慢、蜂群变弱，很难发展起来。两种幼虫病在我国经常发生，有的地区病情较重，是养蜂者防范的主要传染病。

在防治过程中采用同样的治疗方法，因为这两种幼虫病病原虽不同，但使用中草药防治药效均较好，能抑制和杀伤两种病原菌体，在临床上用相近药物和相同配方，同样可取得较好的疗效，这是在实践中证明了的。

一、病原

美洲幼虫腐臭病病原是幼虫芽孢菌，欧洲幼虫腐臭病病原主要是蜂房链球菌和蜂房球菌，都危害蜜蜂幼虫使其患病，要抓住各病表现出来的典型症状加以区别，见表2-2“美洲幼虫腐臭病、欧洲幼虫腐臭病症状比较”。美洲幼虫腐臭病典型症状是病死幼虫变黑腐烂、有黏性、能拉成丝、有鱼腥味，虫体干枯变为黑色鳞片状（图 2-6）。欧洲幼虫腐臭病病死幼虫腐烂、无黏性、拉不成丝，具酸臭味（图 2-7）。

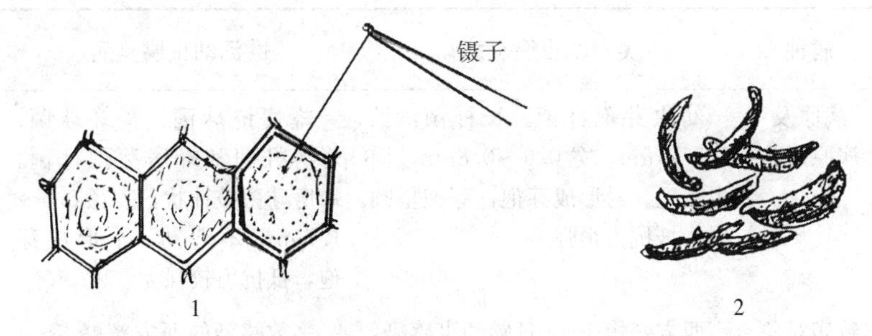

图 2-6　美洲幼虫腐臭病腐烂的虫体能拉出黏丝来，而欧洲幼虫腐臭病病死幼虫拉不出丝来

1. 腐败虫体呈胶状，能拉成细丝，有鱼腥味
2. 干枯尸体呈黑褐色，鳞片状

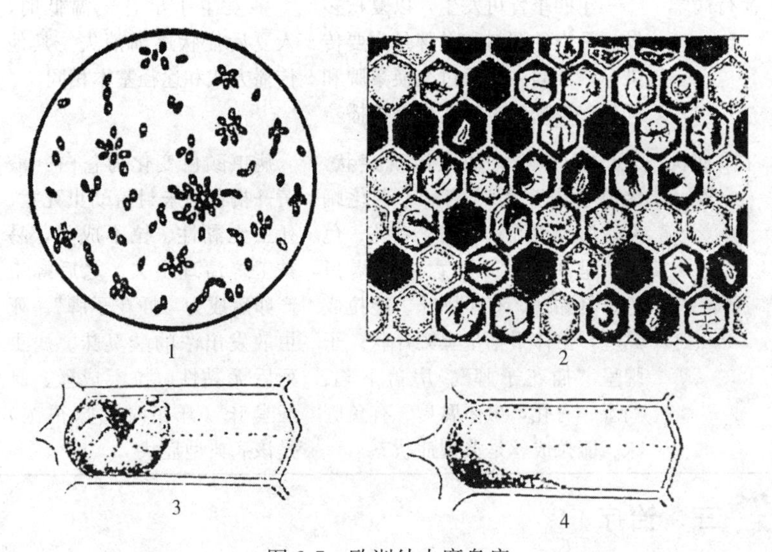

图 2-7　欧洲幼虫腐臭病

1. 蜂房链球菌　2. 插花子脾
3. 最初死亡的幼虫　4. 腐败的幼虫尸体

二、主要症状

美洲幼虫腐臭病和欧洲幼虫腐臭病主要症状见表 2-2。

表 2-2　美洲幼虫腐臭病和欧洲幼虫腐臭病症状比较

病种	美洲幼虫腐臭病	欧洲幼虫腐臭病
病原及病原形状	幼虫芽孢杆菌。长杆菌，长 2.5～4μm，宽 0.6～0.8μm，周生鞭毛。易形成芽孢，芽孢呈圆形，抵抗力很强	蜂房链球菌、蜜蜂球菌、蜂房杆菌和蜂房芽孢杆菌。蜂房球菌披针状，直径 0.5～1.7μm，不活动，不形成芽孢，抵抗力较强
致病对象	西方蜜蜂 1～2 日龄幼虫感染，5～6 日龄幼虫表现症状	多数感染的西方蜜蜂 3～4 日龄幼虫病死，也有能在封盖后死亡。东方蜜蜂（中蜂）该病抵抗力较差易感染
流行病学	一年四季皆可发生，以夏秋多发。污染的饲料和巢脾是主要传染源。群间主要通过交换巢脾和饲料、盗蜂、蜜蜂迷巢等传播	多发生于早春气温低时，入夏后症状逐渐消失。其他传播方式和途径基本相同
主要症状	5～6 日龄大幼虫出现症状，体色苍白变褐黑色，死于化蛹期。房盖潮湿、下陷、有孔、色暗、呈油光状，死亡虫体褐黑色、具黏性、有鱼腥味、能拉成黏丝，虫体干枯呈黑鳞片状。子脾呈“插花子脾”。房盖下陷、潮湿、有孔，虫体腐臭、有鱼腥味、能拉成丝是典型症状	病虫颜色变化为苍白→淡黄→褐色。未封盖幼虫死亡。死虫无黏性、拉不成丝，易被工蜂清理出去，之后蜂王产卵后成为“插花子脾”。死虫散发出浓的酸臭味。病虫死后无黏性、拉不成丝、具酸臭味（开箱时此味很浓）是该病典型症状

三、治疗

（一）中草药配方治疗

禁止使用化学药物和抗生素类，多使用中草药制剂防治，并防止发生药残、抗药性和出现药害。

配方 32：紫草 8g　十大功劳 10g（或枸骨）　贯众 15g　金银花 15g　三颗针 6g

【调制和用法】将五味中草药入锅，加入 5～6 倍水煎至剩 300ml 左右倒出，第二、第三次再加入 300ml 水，煮沸后维持文火煮 20min，过滤获得三次药液。将三次药液混合后配制药物糖浆喂蜂，每群每次喂 150ml，连喂 5 次左右；或者喷脾，药液只加 40～50g 白糖，溶解后，每群每次喷 30ml。2 天喷 1 次，连喷 3～4 次为一个疗程；休息 4～5 天，再喷治第二个疗程。据贵州省湄潭县宋邦昌治疗效果报道：治疗 68 群蜂，治愈 62 群，显效 6 群，治愈率 91.2%，有效率（治愈＋显效）100%，效果较好。

【注释】(1) 十大功劳，又名劳木，根、茎、叶入药。含有小檗碱（茎含 1.4%）、小檗胺、药根碱、掌叶防已碱、尖刺碱等。对一些球菌、杆菌等致病菌类有一定的抑制能力，如根的 25%水煎剂，对大肠杆菌、绿脓杆菌等菌类有较好的抑制作用，浓度增加抑制能力提高。十大功劳性味寒、苦，具有清热解毒、活血、消炎的功效。

(2) 三颗针，又名刺黄连，根和皮入药。含有较多的小檗碱等有效成分。煎剂具有抗菌、抑制钩端螺旋体繁衍的作用。性味寒、苦，具有清热、利湿、解毒、散瘀的功效。

紫草的注释见配方 13，贯众、金银花的注释见配方 2。

配方 33：大黄 20g　黄连根 50g　甘草 10g

【调制和用法】将三味中草药加 3 倍水共煮，煮开后文火煮 20～30min，如水少再加水继续煮 20min，过滤后约得药液 300ml 左右，可喷蜂脾 10～12 张。配制成药物糖浆可喂蜂 2～3 群。

【注释】大黄、甘草注释见配方 1，黄连注释见配方 4。

配方 34：半枝莲 15g（或夏枯草）　金银花 20g　海金沙 15g　当归 10g　甘草 20g

【调制和用法】五味中草药入锅，加水 1 000～1 500ml 浸泡

1～2h后加热煎煮，煮开后改文火煮20min。待锅内药液剩500～600ml时停止煎煮，过滤去渣，加白糖250～300g搅拌溶解，可喂蜂3～4群，病重者喂3群。连喂4～5天为一个疗程，间隔5～6天进行第二个疗程的饲喂。

【注释】海金沙，多年生攀援蕨类植物，药用部分是成熟的孢子，呈粉末状、淡黄色或棕黄色，质轻。主要含有海金沙素和脂肪等成分，对多种致病菌有良好的抑制作用。性味甘、寒，有消肿、利水、抗炎的功效。

半枝莲、甘草注释见配方金银花注释见配方2，当归注释见25。半枝莲可用夏枯草代之。

配方35：栀麦片5片　牛黄解毒片5片　维生素B 2片　维生素C各2片

【调制和用法】三种药片研成粉末，加清水60～70ml，使之完全溶解，搅拌均匀后喷脾。每群喷30～35ml，以蜂体表和脾面雾湿为度。若外界气温低，可采取饲喂给药，即把60～70ml的药液加入400～500ml的1∶1浓度糖浆内，每群每次喂200ml左右，隔天喂1次，连喂5次为一个疗程。

【注释】栀麦片，内含有栀子（又称山栀子）。栀子的成熟果实入药，其化学成分有环烯醚萜甙类（如已栀子苷、去羟栀子苷、山栀子苷、栀子酮苷、龙胆二糖苷等），绿原酸、咖啡酰、荃宁酸等有机酸类，黄酮栀子素、三萜类化合物、藏红花素、藏红花苷元、藏红花酸等。栀子具有抗菌、抗炎作用，栀子水浸液对真菌有抑制作用，对钩端螺旋体及血吸虫成虫有杀伤作用。

栀子性味苦、寒，有清热泻火、凉血解毒、消肿止痛的功效。再加上牛黄解毒片（丸）是牛黄、雄黄、大黄、黄芩等药配制而成的，亦具有解毒、抗菌、抗炎、泻火、镇痛的功能，使此配方药效提升。

牛黄解毒片（丸）注释见配方30。

配方36：半枝莲20g　甘草5g　大黄20g　黄柏15g　连翘15g　虎杖25g

【调制和用法】六味药入锅，加水2 500～3 000ml，浸泡1～2h后煎煮，煮开改文火煮30min以上，锅内剩液1 000～1 500ml关火，过滤获得药液，加白糖配成药物糖浆，可喂6～8群蜂。每群每次喂200ml，每天喂1次，6次左右为一个疗程，喂一个疗程药病情可有效控制或转好，喂两个疗程逐渐病愈。作者进行数次临床试验，对美洲幼虫腐臭病、欧洲幼虫腐臭病以及爬蜂病、蜜蜂麻痹病均有良好的疗效，预防效果也很理想。

【注释】半枝莲、甘草、大黄注释见配方1，黄柏注释见配方9，连翘注释见配方12、虎杖注释见配方3。

（二）单方治疗

例1 大蒜治疗。大蒜头治疗美洲幼虫腐臭病、欧洲幼虫腐臭病和中蜂囊状幼虫病。调制方法和用法见配方23（即用大蒜汁治疗蜜蜂囊状幼虫病），疗效较好。

例2 马齿苋治疗。

【调制和用法】将新鲜的马齿苋用清水洗净，切成段入锅。200g马齿苋加水1 000ml，煮至马齿苋植株烂了为止，用纱布包上挤压获得马齿苋浆液，加入白糖（1∶1）喂蜂。一群蜂（10～12框蜂）每次喂200～250ml。两天喂1次，3～4次可见效。

【注释】马齿苋，又名马齿菜，全草入药。含有去甲基肾上腺素（新株含0.25%）、多巴胺、多巴（二羟基丙氨酸）、苹果酸、柠檬酸、枸橼酸、多种生物碱，三萜化合物较多，有β-香树脂醇、丁基米帕醇、帕g醇、环木菌菠萝烯醇等，还含有槲皮素、山柰素、杨梅树皮素、芹菜素、木樨草素等黄酮类物质等。

马齿苋乙醇提取物对赤痢杆菌具有明显的抑制作用，水煎剂对大肠杆菌、伤寒杆菌、变型杆菌、黄曲霉等多种细菌及真菌均表现出抑制作用。马齿苋性味酸、寒，具有清热解毒、消炎的功效。

例3 艾叶治疗。将鲜艾叶或干艾叶50～60g，加800～1 000ml水煮。为了增加喂蜂时蜜蜂的接受率，可以加甘草20～30g共煮20～30min，过滤获得滤液，加白糖配制成药物糖浆喂蜂或加少量白糖用作喷脾。每群每次喂100～150ml，2天喂1次，连喂 4～6 次；喷脾每群喷药 30～35ml，2 天喷 1 次，连喷 3～4 次。也可以用干燥的艾叶傍晚点燃熏蜂，每群用干艾叶 60g，将艾叶点燃后放在箱底瓦片上让其生烟，最好在箱外燃烧，用管子将烟导入箱内。暂时关闭巢门数分钟后启开通风。

艾叶主要化学成分有挥发油，如桉油素、萜品烯醇、β-石竹烯、水芹烯、毕澄加烯以及侧柏醇、香芹酮、小茴香酮、胡椒酮、龙脑等。艾对多种细菌、真菌均有抑制或杀伤作用。艾性味苦、辛、温，具有温经、止血、散寒止痛、增强免疫力的功效。

蜜蜂细菌病还有蜜蜂副伤寒病、蜜蜂败血病以及由蜜蜂螺原体引起的蜜蜂螺原体病等，亦可以采用治疗美洲幼虫腐臭病和欧洲幼虫腐臭病的方法加以防治，也能取得较好的疗效，对其配方应参考使用。

例 4　“以菌治菌”生物防治。我国 1992 年从日本引进 EM 技术，是新型复合物菌剂，这些益菌组成了微生态系统，有力抑制和杀灭有害病菌表现出强蜂，促繁、抗病的特点，在我国不少蜂场大约 200 万群蜜蜂应用，均有较好的效果，是较好的“以菌治菌”的生物防治蜂病较理想的菌剂。据先行者试用结果表明，在治病方面，对幼虫病、爬蜂病、欧洲幼虫腐臭病、蜜蜂微孢子虫病、蜜蜂白垩病、大肚病等均表现出较好的疗效，可以在防治蜂病临床上继续试用，总结经验，有无弊端的观察分析，进行扩大应用范围。

EM 技术的应用方法、应用效果、作用机理等，请参阅前面第四章中的第三节《以菌治螨治病》中，对 EM 技术临床应用效果、机理等部分介绍。

例 5　黄连治疗。取黄连根 30g（加甘草 15g 更好），加水 400ml 左右，煎煮 30～40min 过滤得药液，加白糖配成黄连糖浆喂蜂，每天喂 1 次，连喂 4～5 次即可。

第六节　蜜蜂孢子虫病

蜜蜂孢子虫病为蜜蜂原生动物病，简称为原虫病。原虫为单细胞动物，能运动、摄食，具有消化排泄等生理功能，寄生在蜂体内引起蜜蜂原虫病。危害蜜蜂的原虫病主要有蜜蜂孢子虫病，又称为“微粒子病”，其他原虫病还有蜜蜂马氏管变形虫（阿米巴病）病、鞭毛虫病等。在这里主要介绍蜜蜂孢子虫病。

一、病原

蜜蜂孢子虫病是由蜜蜂孢子虫寄生于蜜蜂中肠上皮细胞引起的一种常见的寄生虫病，也是消化道传染病。蜜蜂孢子虫呈椭圆形，米粒状，虫体大小为（4.4～6.4）μm×（2.1～3.4）μm（图 2-8）。在显微镜下有较强的蓝折光。孢子内有两个细胞核以及细胞质和两个空泡，有一条细长卷曲的极丝。孢子对不良环境的抵抗力很强，在巢房内能存活 2 年，在蜜蜂尸体内存活 5 年，这是它能时常危害蜜蜂的原因之一。

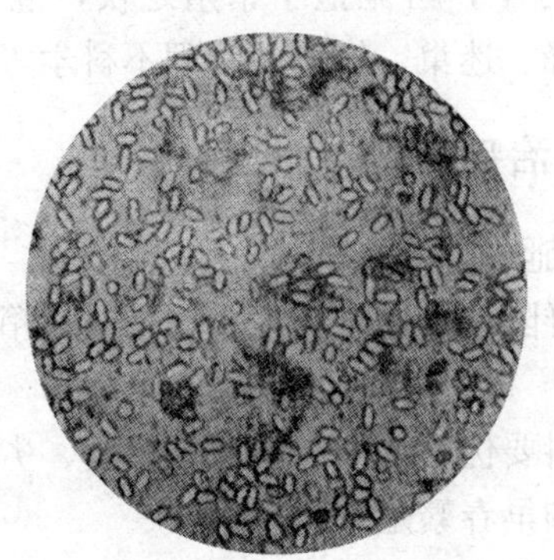

图 2-8　孢子虫的孢子

二、主要症状

（1）蜜蜂孢子虫主要感染成年蜂。不感染幼虫和刚羽化的幼蜂，蜂王也很少感染。

（2）蜜蜂感染初期无明显症状，随病情发展，表现行动迟缓，萎靡不振，个体变小，头尾发黑，震翅，飞行无力或不能飞起，腹部膨大，下痢，污染蜂箱、巢脾和巢门。

（3）病蜂常集中在箱底、巢脾下缘或框梁上。如病蜂爬出巢，在地面爬行吃力，有的不久死去。

三、流行病学

蜜蜂孢子虫主要危害西方蜂种，在世界各地广泛流行。该病发生有明显的季节性，发病率最高期出现在春季。病蜂肠道里含有3 000万～5 000万个孢子虫的孢子，排泄到体外，污染巢脾、蜂箱、场地。尤其在冬末初春，排泄粪便污染箱内巢脾和饲料，成为主要的传播来源。蜜蜂孢子虫病传染的途径是蜜蜂采食了被污染的饲料和舔巢脾，以及食物交换，孢子虫通过消化道进入体内，在肠道内（中肠）大量繁殖。试验查明：1只感染此病12天的工蜂体内含有2 000万～3 000万个孢子，感染42天的蜜蜂肠内孢子可达4 000万～6 000万个，可见孢子繁殖之快，危害严重。群间和场间传播主要是盗蜂、迷巢、转场、管理不科学等引起的。

四、预防与治疗

（一）预防措施

（1）春季蜂群陈列后要对场地、用过的蜂箱和蜂具进行一次彻底消毒。

（2）越冬饲料要优质，不要混入甘露蜜、劣质发酵蜜，最好用成熟蜜作为越冬和早春繁殖饲料。

（3）在蜜蜂孢子虫病易发季节（春季）要加强预防，不要轻易调脾，用被污染饲料避免补食，蜂蜜和花粉要消毒。污染的蜂箱和空脾一定要消毒后才能用。注意防止盗蜂的发生。

（4）清扫蜂场，把病死的蜜蜂和污染的保温物（稻草等）集中烧掉。

（5）选择柠檬酸、米醋、山楂水等配制成酸性饲料喂蜂，进行积极主动的预防。

（二）一般治疗

感染了蜜蜂孢子虫病并出现明显症状，用酸性饲料治疗收效良好。江西省养蜂研究所蜂保室，用柠檬酸、醋和山楂水进行治疗，证明了其有效性（表 2-3）。

表 2-3　配制不同酸性饲料治疗微孢子虫病效果

试验组	试验群蜂量	药物	浓度（%）	使用方法	巢门前 1m^2 死蜂数
1	4（框）	依米丁	0.04	喷脾	44 只减至 2 只
2	4	依米丁	0.12	喷脾	44 只减至 2 只
3	4	柠檬酸	0.10	加糖喂蜂	124 只减至 12 只
4	4	镇江醋	100ml 醋加蜜水 2.5L 喂 5 群		40 只减至 6 只
5	4	山楂水	500g 山楂加水 5L 煮汁加糖喂		效果良好
6（对照组）	4	喂糖水			死蜂多

从表中可以看出酸性饲料喂蜂防治蜜蜂孢子虫病，尤其是柠檬酸酸性饲料喂蜂治疗效果好。

表中的依米丁又称吐根碱。依米丁注射液一般有 30mg/ml 和 60mg/ml 两种商品包装。黑龙江省养蜂试验站李俊泽，在 3 个蜂场出窑的 161 群患孢子虫病的蜂群使用依米丁治疗。每群每次用量 0.015g，混合在 50%糖浆 1L 内，灌脾或喷洒饲喂，每天 1 次，连续 5～7 次为一个疗程。间隔 3～5 天进行第二个疗程。一般防治 10 次或以上，孢子虫消失，蜜蜂幼虫停止死亡，蜂群逐渐康复。

（三）中草药配方治疗

配方 37：柠檬酸 1g　米醋 80ml　山楂水 100ml

【调制和用法】山楂水是山楂（干）60～70g，加 1 倍水浸泡，捣碎，过滤，大约获得 100ml 左右的山楂水备用。取 800～1 000ml 浓度为 50%的糖浆，加入柠檬酸 1g、米醋 80ml 和备用的山楂水，搅拌均匀喂蜂。每天每次喂 200～300ml，重病群可喂 300～400ml，隔 2 天 1 次或每天 1 次。5～7 天后症状减轻，逐渐病愈。以上三种药物也可以单用，晚秋和早春饲喂，进行预防给药。

酸性饲料喂蜂均取得良好的防治蜜蜂孢子虫病效果，主要原因是蜜蜂孢子虫不适宜在酸性小环境里生存和繁殖，初期呈抑制状态，时间长便萎缩而死亡。酸性饲料配制简便，材料易得，不污染蜂产品和环境，是防治蜜蜂孢子虫病和其他体内寄生虫病的经济的绿色措施。

配方 38：柠檬酸 4g　大黄 30g　维生素 C 4 片

【调制和用法】将中草药大黄加清水 1 000ml，煎煮至剩液 400～500ml 时，停火，过滤去渣，获得大黄煎液备用。把维生素 C 研成粉末和柠檬酸一起加入大黄煎液里，充分搅拌使其溶解，配成药物糖浆（加白糖 250g 于大黄煎液中）喂蜂。每群每晚喂250～300ml。两天喂 1 次，连喂 4 次，疗效较好。能有效抑制孢子虫的繁衍，使病情逐渐减轻至病愈。

【注释】大黄注释见配方 1，柠檬酸、维生素 C 药房有售。

配方 39：黄连 50g　大黄 50g　甘草 20g

【调制和用法】三味中草药入锅，加清水 1 000～1 500ml，煮开后改文火继续煮 20min，视锅内剩液 600～800ml 时，停火，过滤去渣，药液可用于喷脾。每群（10～12 框蜂）喷 30ml，两天喷 1 次，连喷 4～6 次。也可配制药物糖浆喂蜂，每群每晚喂 150～200ml，连喂 4 次为一个疗程。病重群可喂两个疗程，或加大每群每次喂量至 300～350ml 连喂 6 次为一个疗程，可控制病情。

【注释】大黄、甘草注释见配方 1，黄连注释见配方 4。

配方 40：大蒜汁 8ml　白酒 5ml

【调制和用法】大蒜头 4～5 个去皮捣成蒜泥，加水 20ml，搅拌均匀，取 8ml 蒜汁和 5ml 白酒相混合，加入 30%500ml 的糖浆内喷脾。每群喷 25～30ml，以脾面和蜂体稍湿为宜。喷脾后蜜蜂反应不大，喷量可增加至 35ml；如反应强烈可 2～3 天喷 1 次，每次喷量减至 20～25ml，喷 4～5 次。据报道，此配方疗效较好。缺点是对蜜蜂有刺激，喷后要注意观察蜜蜂的反应和活动，喷时要倾斜喷，避免幼虫和卵接触药剂，不要直接喷到蜂王身上。没有使用此配方的养蜂者，可以用1～2群先试一下，蜜蜂没有大的反应再全部病群使用。

【注释】大蒜注释见配方11，白酒为45°的低度酒。

配方41：碘酊（兽用）10ml　酵母片10片

【调制和用法】将酵母片研成粉，加入1 000ml糖浆内，搅拌均匀使完全溶解。用时再加5%浓度的兽用碘酊10ml，混合均匀喂蜂。每群（10～12框群）喂200ml，较强群（12～15框蜂群）可喂250ml。每天喂1次，若有反应，隔天喂1次，连喂3～4次可见效，继续喂2～3次逐渐病愈。

【注释】碘酊市场有售，酵母片即食用酵母片。

（四）单方治疗

例1　山楂治疗。山楂（干）1 000g加入清水1 500～2 000ml，文火煎煮至剩液1 000ml时，停火，冷却过滤去山楂果，或者将煮烂的山楂果捣碎，搅拌成浆后再过滤。所得的山楂果浆加些白糖（约400g），配成山楂汁糖浆喂蜂。每群喂300ml，每天1次或隔天1次，连喂5～7次，收效较好。此方也可以用于防治蜜蜂下痢病。山楂注释见配方24。

例2　醋酸单用或和大蒜汁合用治疗。醋酸50～60ml，加入1 000ml糖浆内喂蜂，每群每天150～200ml，连喂5～6次。也可以和大蒜汁合喂，60ml醋酸、20～30ml大蒜汁与1 000ml的50%浓度糖浆混合喂蜂，每群喂100～150ml，隔天1次，连喂4～5次可见效，抑制孢子虫繁殖。醋酸可用食用醋代替。因为蜜蜂孢子虫不耐酸，在酸性环境内抑制生长和繁衍，根据这一特点，人们可以配制其他酸性饲料喂蜂，均可收到良好的抑制效果。

蜜蜂另一种原生动物病阿米巴病，又称为变形虫病。病原是马氏管变形虫（变形虫和孢囊两种形态），寄生在蜜蜂马氏管内。以上介绍的防治蜜蜂孢子虫病的药物，也可以用于防治阿米巴病，用药量、用法相同。

例3　百里酚治疗。百里酚是香精油的组分，它不仅能治螨，还能治疗蜜蜂孢子虫病，疗效亦好。土耳其Yuel and Dogaroglu

(2008)，进行百里酚和烟曲霉素治疗孢子虫病对比试验，结果百里酚疗效较好，减少蜜蜂死亡，增加了蜜蜂及蜜蜂幼虫的数量，越冬损失较少。

澳大利亚 Rice（2001）推荐百里酚的使用浓度为 0.44mmol (0.44mmol 溶液相当于 4.55L 糖浆加入 0.25g 百里酚)。百里酚结晶不溶于水，易溶于酒精内，可以先将百里酚溶于酒精制成原液，再加入糖浆里使用。

黄文诚报道（2009)：对蜜蜂微孢子虫的抗感染力试验：试验组 4 组、对照组 1 组。每组 4 笼，每笼内放 30 只蜜蜂。每只蜂饲喂 18000 个孢子，放置温箱 25 天。到 25 天对照组笼内蜜蜂感染率增加最大，平均每只蜂有 2.3 亿个孢子，而百里酚组蜜蜂孢子只有 2 020 万个。说明百里酚抑制孢子虫繁殖效果比较好，用于防治蜜蜂孢子虫病是有效、可行的。

第七节　蜜蜂白垩病

真菌不含叶绿素，无根、茎、叶，营寄生或腐生生活。有一些真菌能导致蜜蜂生病，称为真菌病。蜜蜂常发生的真菌病有蜜蜂白垩病、黄曲霉病和蜂王黑变病，以蜜蜂白垩病对蜜蜂的危害较大，发病率高。

一、病原

蜜蜂白垩病的病原为蜜蜂球囊菌，其子实体呈球状，内含许多子囊孢子。孢子生命力强，具有很强的抵抗能力，在干燥状态下能活 15 年之久。孢子侵入蜜蜂幼虫，引起白垩病，是蜜蜂幼虫一种顽固性的传染病。说其顽固，是因为病原抵抗力强，根除比较困难，常常危害蜂群。

二、主要症状

蜜蜂白垩病症状明显，与其他幼虫病不同易辨认。

（1）蜜蜂球囊菌只侵害蜜蜂幼虫，4 日龄幼虫易感染发病，到老熟幼虫或封盖幼虫死亡，雄蜂幼虫更易感染。

（2）病虫初白色肿胀，长满白菌丝后缩小、变硬、干枯，尸体有白色和黑褐色两种。病虫布满白色或灰褐色附着物，呈木乃伊状，似白垩，故称为“白垩病”。

（3）病后期带丝的僵硬大幼虫或蛹，被工蜂拖出积聚在箱底或拖出巢门堆积（图 2-9）。

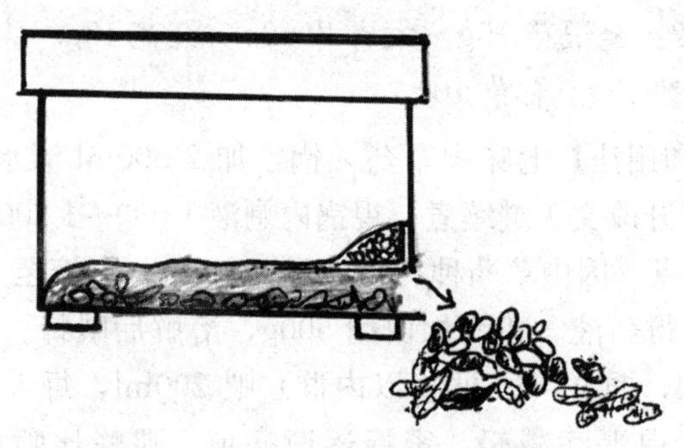

图 2-9　蜂箱底和巢门前干尸堆积

黑色和白色上附着菌丝的干尸，呈硬片，被蜜蜂从房内拖出，堆积在箱底和巢门前。

三、流行病学

此病在欧洲普遍发生，北美、委内瑞拉相继发生。1991 年我国黑龙江、浙江、四川等省首次发现，以后逐渐蔓延至全国，给养蜂业造成极大损失，发现率高达 80%～100%，主要危害意大利蜂等西方蜜蜂。白垩病发生有较明显的季节性，通常 6～8 月发生，病群未愈的春季也常发生。多雨潮湿、温度变幅大、蜂箱内潮湿时发病率高。弱群和雄蜂幼虫易感染。巢内病虫和被污染的饲料是主要传染源，群间传播是由于工蜂带入的孢子被 3～4 日龄幼虫吞食而感染。

四、预防与治疗

（一）预防措施

（1）蜜蜂白垩病的发生与温度、湿度密切相关。当巢内温度下降到30℃左右、相对湿度在80%以上时，子囊孢子繁殖快。春夏季节多雨潮湿时易发生流行，要做好防潮工作，保持蜂场、蜂箱内干燥、通风；用干净巢脾更换箱内受潮发霉巢脾或更换蜂箱。

(2) 饲养强群，合并弱群，加强管理。注意蜂箱通风排潮，尤其是阴雨季节更应通风。

(3) 发病期间，喂蜜蜂的蜂蜜和花粉应消毒灭菌。

(二) 中草药配方治疗

配方42：金银花15g　大青叶10g　红花15g　大黄10g　黄连15g　苦参15g　甘草10g

【调制和用法】七味中草药入锅，加2 500ml清水，浸泡1～2h，加热煮开改文火继续煮；视锅内剩液1 000～1 200ml，再加水500ml文火煮（因中草药种类多，要煮充分）；剩液至1 000ml时，停火，过滤得药液。药液加白糖500g，溶解后喂蜂。每群每次喂300～400ml，弱群（10框蜂以内群）喂200ml，每天1次，3～4次可见效，白垩病减轻，蜜蜂逐渐病愈。喂蜂比喷脾的治疗效果好。

【注释】(1) 大青叶，根入药。主要含有靛蓝、菘蓝苷B、腺苷、色胺酮、葡萄糖芸苔素、β-谷甾醇、丁烯、柠檬酸、棕榈酸、氨基酸、糖类等。对病原菌有广谱的抗菌作用，对流感病毒等有抑制作用。大青叶性味苦、大寒，有清热解毒、抗炎功效。

(2) 红花，筒状花冠入药。含有红花苷、新红花苷、红花醌苷等，还含有棕榈酸、花生酸、油酸、亚油酸、亚麻酸等油脂类及红花黄色素。红花性味辛、温。具有抗炎、镇痛、抑菌作用。

大黄、甘草注释见配方1，金银花注释见配方2，黄连注释见配方4，苦参注释见配方12。

配方43：罂粟壳50g　半枝莲50g

【调制和用法】将罂粟壳和半枝莲入锅，加清水1 000ml，煮开后维持煎煮20min，锅内剩液500～600ml时停火，过滤得药液，配成药物糖浆喂蜂。每群每天200～300ml，连喂5～7次后见效。

过滤下来的罂粟壳和半枝莲还可以利用，加水再煎煮，煎液可作为蜜蜂饮用水，倒入蜂场饮水器内。

【注释】罂粟壳注释见配方 8，半枝莲注释见配方 1。

配方 44：大黄苏打片 2 片　维生素 B_1 2 片

【调制和用法】把大黄苏打片和维生素 B_1 研成粉末，溶解于 1 000ml清水内，加入一定比例白糖调制成药物糖浆喂蜂。每群每晚喂 250～300ml，2～3 天喂 1 次。或者把大黄苏打片和维生素 B_1 研成的粉末拌在花粉内，在春季或缺粉时喂蜂，发病时把适量糖掺入花粉，让蜜蜂采食，疗效尚佳。

花粉大黄苏打片配制方法：称取花粉 1 000g 加入适量水，拌入大黄苏打片粉和维生素 B_1 粉，制成花粉饼，放在框梁上让蜜蜂啃食、饲喂幼虫。也可以喷脾：1 000ml 清水，溶入大黄苏打片 15 片（粉状），加入约 300g 白糖，溶化后逐脾喷至湿润状，连喷 2～3 次，效果明显。注意药剂现配现用为宜，不能放置过久，以防受到污染或药效降低。

【注释】大黄苏打和维生素 B_1 可从药店购买。

配方 45：鱼腥草 50g（或青葙）　木槿皮 30g　大黄 50g　黄连 30g

【调制和用法】四味中草药入锅，先放少量水浸泡 1～2h，再加清水 1 000～1 500ml，置火炉上煎煮，煮开后改文火煮 20min。等锅内煎液剩 500～600ml 时停止煎煮，滤去药渣，趁热加入白糖 300g，溶解后喂蜂。以上药物糖浆可喂蜂 3～4 群，病重群 2～3 群。

每晚每次喂蜂 200ml 左右。如喂蜂和喷脾交叉配合用药，治疗效果一般可达 85%左右，有的高达 90%～95%。

【注释】(1) 鱼腥草，全草入药。化学成分主要有丰富的挥发油，如葵酰乙醛、桂醛、2-烷酮、丁香烯、芳樟醇、乙酸龙脑酯、月桂烯、莰烯等，还含有多种黄酮类化合物、有机酸等。对许多病原微生物，如变型杆菌、痢疾杆菌、大肠杆菌、伤寒杆菌、溶血性球菌等 15 种以上的病菌有明显抑制作用，对流感病毒亦有一定的颉颃功能。能增强白细胞吞噬功能，提高机体免疫力。

（2）木槿皮，根皮和茎皮入药。含有鞣质、黏液物质、苷类、黄酮类，对真菌有抑制作用。木槿皮性味甘、苦、凉，具有清热、解毒、利湿、止痒、杀虫等功效。

大黄注释见配方 1，黄连注释见配方 4。

配方 46：丁香 50g　白酒 200ml

【调制和用法】将丁香放入低度白酒内浸泡 24h，中间搅拌数次，过滤得丁香白酒浸液（密封）。用时用清水稀释一倍，喷脾，不要喷多以脾面和蜂体表雾湿为宜。每日傍晚喷，3 天喷 1 次，连喷 3～4 次。据使用报道：摘取新鲜的丁香叶数片或丁香花朵 8～10 枚，直接放在蜂箱内框梁上，让蜜蜂清理啃咬拉扯，5～7 天后换新叶和花朵。蜜蜂白垩病明显减弱，直至症状逐渐消失。能采到丁香叶和花朵的地方，不妨试用此单方。

【注释】丁香油内丁香酚占 78%～95%。乙酰丁香酚、丁香烯、甲基正戊酮、甲基正庚酮、香荚兰醛、果酸等占 5%～20%（其中乙酰丁香酚约占 3%）。对一些病原球菌、杆菌、真菌和病毒等均有抑制和杀伤作用。

配方 47：大黄苏打片 20 片　制霉菌素 10 片（粒）　维生素 B 5 片　维生素 C 5 片

【调制和用法】将大黄苏打片、制霉菌素和维生素 B、维生素 C，共同研成粉末，加清水 150ml，充分拌匀溶化，可喷脾 45～50 框蜂。大约每群喷 30ml，两天喷 1 次，连续喷 3～4 次，效果明显。也可以加糖喂蜂。

【注释】制霉菌素为抑杀真菌的多烯类抗生素，在采蜜期间不能使用。在非生产期使用，污染较小。另外，称取 1 000g 花粉，加入大黄苏打片（研成粉），非生产期也可以加入制霉菌素（5～6 片，研成粉），搅拌均匀，成为载药花粉，饲喂蜜蜂，一方面可以防止白垩病发生，另一方面可有效地促进蜜蜂繁殖。早春蜜蜂开始繁殖，需水量增加，可以在蜂场饮水器内加大黄苏打片（粉），供蜜蜂采取，预防早春发生白垩病。

大黄苏打片注释见配方 44，维生素 B、维生素 C 药房可买到。

配方 48：复方酚 4ml　甘草水 1 000ml

【调制和用法】将复方酚和甘草水混合搅拌均匀，喷脾。病重蜂群复方酚可增加用量至 5ml。每群每次喷 30～35ml，3～4 天喷 1 次，连喷 4～5 次可基本病愈。

【注释】（1）复方酚，为兽用药物，具有较好的抑制和杀伤真菌作用，对人、蜂、畜安全。

（2）甘草水制备：100～150g 甘草切成片，加清水 1 500ml 浸泡两昼夜，取滤液和复方酚配伍，现配现用。

配方 49：滑石粉 20g　黄连 10g　大黄 10g　硫黄 5g

【调制和用法】把大黄、黄连、硫黄研成粉末，拌入滑石粉内成为混合粉剂，撒在蜂路间，每条蜂路约撒 2g 左右，疗效尚好。以粉剂撒施，生产期停止使用，以减少药物污染。

【注释】滑石粉，为单斜晶系滑石的矿石粉碎而成。主要成分是硅酸镁。此外还含有氧化铝以及钙、铁、钛、锌、钠、铜等物质。有保护黏膜的作用，对伤寒杆菌、副伤寒杆菌等细节有抑制作用。

硫磺注释见配方 26（升华硫）。黄连注释见配方 4。大黄注释见配方 1。

配方 50：丙酸钠 5g　甘草水 1 000ml

【调制和用法】把丙酸钠研成粉末，加入 1 000ml 甘草水内，充分搅拌均匀，作为喷脾使用的 0.5%浓度的丙酸钠溶液。每群（10～12 框蜂）一次喷丙酸钠甘草液 25～30ml，使脾面呈湿润状，2～3 天喷 1 次，连喷 3～4 次。据日本专家 Kodama. K 治疗效果报道：喷药后不久巢房内幼虫干尸减少，第 8 天死虫干尸消失，即被蜜蜂清除干净，并不再有病虫发生，疗效较好。

【注释】丙酸钠对真菌有较强的杀伤作用，实验室试验，最小抑菌剂量为0.04mg/ml。0.5%丙酸钠溶液也可以单独喷脾。用丙酸钠治疗，对幼虫和成蜂未见到副作用，如产生轻度“药残”，可在两天内消失掉。此药可试用，控制浓度和用量，可以与其他药间隔使用，避免连续使用。

甘草水的配制见配方48。

配方51：生石灰10g　硫黄铜10g

【调制和用法】将生石灰10g和硫黄铜10g溶解于2 500ml的清水内，搅拌后让其澄清，获得上清液备用。用时按糖浆总重量的1%～2%加入“上清液”，搅拌均匀喂蜂。每群每晚喂300ml左右，加上继箱的强群可适当增加喂量。两天喂1次，连喂4次，病情逐渐好转至病愈。据报道：用1%～2%浓度石灰硫黄铜溶液治病，见效快、成本低，蜜蜂安全，一般对蜂产品无污染。另外，对蜜蜂爬蜂病亦有一定治疗效果。

【注释】生石灰和硫黄铜按比例配制的“上清液”，对多种致病微生物均有明显的抑制和杀灭作用。生石灰呈碱性，能有效抑制真菌类；硫黄铜产生的铜离子，具有较强的杀伤一些细菌的功能。配制时，严格掌握两种物质的配合比例和加入糖浆中上清液的百分比，不可用量过大。

配方52：景天三七（鲜株）100g　忍冬（鲜茎叶）100g

【调制和用法】把新鲜的景天三七和忍冬各100g切碎后，放入2 000ml清水内浸泡半天，泡时适当搅拌，然后取得两味药的浸液，加入适量白糖配成景天忍冬浸液糖浆喂蜂。每群一次喂200～300ml，两天喂1次，连喂6次左右白垩病病情减轻，逐步好转，再喂一个疗程一般即愈。

也可以将新鲜的茎叶，直接放在蜂箱内的空隙处或框梁上，迫使蜜蜂咬拖，由此发出的特殊气味，可起到抑制真菌的作用。

【注释】（1）景天三七，其根、茎入药。化学成分主要有总皂苷，能分离出人参皂苷、三七苷等，还含有黄酮苷、槲皮苷、槲皮素、β-谷甾醇，还有34种之多的萜烯类等挥发油。性味甘、微苦、温，具有抗炎、活血止血、化瘀、镇痛之功效。由于景天三七含有大量的挥发油成分，调制方法只能用水浸泡，不能煎煮，以防止流失。

（2）忍冬，茎叶入药。含有忍冬苷、忍冬素、木樨草素等黄酮类以及番木素等。具有抗炎、抗菌（伤寒杆菌、痢疾杆菌、变型杆菌、大肠杆菌）等作用。

配方 53：苦参 15g　生地 10g　藿香 15g　蛇床子 10g　黄柏 15g　蒲公英 10g

【调制和用法】六味中草药放入锅内加少量水浸泡 1h 左右，然后再加水 2 000～2 500ml，煮开后改文火维持 20～30min，直至锅内剩液 1 200～1 500ml 时，停止煎煮，过滤去渣。滤液加白糖 500～600g 配制成药物糖浆喂蜂。每群每次喂 300～400ml，每天 1 次，连喂 6～7 次。病轻群喂 300ml，病重群可适当增加喂量。

【注释】（1）蛇床子，果实入药。主要成分有蒎烯、茨烯、异戊酸龙脑酯等挥发油，含量约占 1.3%左右。其次还含有甲氧基欧芹酚（1%）等。能杀灭滴虫等病原微生物，抑制和颉颃皮癣菌、芽孢菌、病毒等顽固病原。蛇床子性味辛、苦、温，具有燥湿、杀虫、散寒、祛风等功效。

（2）生地，又名生地黄、大地黄、根入药。主要化学成分有环烯醚萜类化合物，如梓醇、二氢梓醇等，还有胡萝卜苷等苷类，β-谷甾醇、豆甾醇、D-甘露醇以及苏糖、有机酸（辛酸、苯乙酸等）。对小芽孢癣菌等多种真菌均有抑制作用，抗炎、镇痛、止血，性味甘、寒，有清热凉血、养阴生津之功效。

（3）藿香，又名广藿香、土藿香等。为唇形科植物多年生草本。地上茎叶入药。含有挥发油约 1.5%左右，如藿香醇、藿香酮等，其中藿香醇占 52%～57%，还含有苯甲醛、丁香酚、桂皮醛、萜类等。藿香籽内含有挥发油 0.45%，主要是占 80%的甲基胡椒酚，其次还含有异茴香脑、茴香醛、茴香醚、柠檬烯等。

藿香煎剂能抑制黄癣菌等 15 种致病性真菌并具有抗病毒、抗细菌作用，还有助消化、消炎作用。市售的“藿香正气水”由藿香、紫苏、白芷、桔梗等 11 味中草药配伍制成。

苦参、黄柏、蒲公英注释分别见配方 2、9、24。

配方 54：连翘 30g　蒲公英 20g　车前草 30g　金银花 30g　野菊花 30g　川芎 10g（或白芍）　甘草 10g

【调制和用法】七味中草药洗净放入锅内，加清水 1 500～2 000ml，煮开后改文火继续煎煮，因药味多可以多煎煮一段时间，并稍加搅拌，待锅内剩液 800～1 000ml 时，停止煎煮，过滤去药渣获得药液。也可以煎煮三次，三次煎煮药液合在一起约 1 000ml 左右。然后将获得的药液配制成 1∶1 浓度的糖浆药液喂蜂。

此剂量可喂蜜蜂 4～5 群，每群每次喂 150～200ml，两天喂 1 次。重病群可多喂些，每次喂 200～250ml，连喂 6 次，即能见效。

【注释】(1) 野菊花，花朵入药。含有很多挥发油（0.13%）、菊苷、腺嘌呤、胆碱、刺槐素、小苏打以及多种维生素等。对多种致病菌、流感病毒、钩端螺旋体等均有抑制作用。野菊花性味微寒、甘、苦，有清热解毒、止血功效。

(2) 川芎，根入药。主要化学成分有生物碱，如川芎嗪、佩洛立灵、异亮氨酰胺、缬氨酸内酰胺、β-卡啉衍生物，川芎酚、大黄酚、川芎内脂等酚类。有机酸有阿魏酸、瑟丹酸、挥发油有藁本内脂、丁叉苯酞等，以及香草醛、有机酸酯、β-谷甾醇、维生素 A。对革兰氏阴性菌、真菌等病原有抑制作用，性味辛、温，具有活血、行气、祛风、止痛功效。

连翘、蒲公英、车前草、金银花、甘草注释分别见配方 2、24、11、2、1。

配方 55：大黄苏打片 4 片　茶花蜜 1 000ml

【调制和用法】有茶花蜜的养蜂户，可以选用此配方，配制简单易行。将大黄苏打片研成粉状，放入茶花蜜内，搅拌混合均匀，如有茶花粉加些更好。每群每晚喂 200～300ml，每天 1 次，连喂 4～5 次，能较好地控制白垩病。据了解和观察，患有蜜蜂白垩病的蜂群进入茶区放蜂，病情减轻或不治而愈，主要原因是蜜蜂采集到茶花蜜和花粉，其有抑制白垩病的作用。大黄苏打片亦有很强的抑制和杀伤真菌功能。

【注释】大黄苏打片注释见配方 44。

配方 56：苍术 30g　贯众 30g　大黄 30g　黄柏 30g　白癣皮 40g　地肤子 20g　苦参 40g　紫草 40g　蛇床子 40g　百部 40g　蝉蜕 30g　甘草 40g

【调制和用法】十二味中草药种类多、量亦大，应充分煎煮，可采取三次煎煮法。虽增加了煎煮次数，费工费时，但可以把药物中有效成分尽可能提取出来。第一次煎煮加 2 000ml 水，煮开维持 30min，过滤；第二次煎煮加 600～800ml 水，煮开维持 30min 过滤；药物内再加 500～600ml 水进行第三次煎煮，煮开维持 20min 后停火过滤。将三次煎煮获得的药液混合，用作喷脾或喂蜂。

喷脾，每群（10～12 框蜂）30～35ml，1～2 天喷 1 次，连喷 4～5 次。喂蜂，将药液加入白糖，配制成药物糖浆，每群喂 300～400ml，每天傍晚喂 1 次，连续喂 5 次为一个疗程，症状可减轻向好，逐渐病愈。如没有病愈再喂藓一个疗程。

【注释】（1）白藓皮，根皮入药。含有白藓碱、白藓内脂、谷甾醇、黄柏酮酸、葫芦巴碱、胆碱、栓皮酮、茵芋碱、白藓明碱。白藓皮水浸剂和煎剂对多种致病真菌（毛藓菌、黄藓菌等）均有不同程度的抑制作用，对滴虫等亦有一定抑制、杀灭作用。性味苦寒，有清热解毒、除湿之功效。

（2）地肤子，成熟的果实入药。含有三萜皂苷、脂肪油类、维生素 A 等，对黄癣菌、小孢癣菌等真菌类有抑制作用。性味苦、寒，具有清热、利水、止痛止痒之功效。

（3）百部，块根入药。主要含有生物碱：直立百部碱、对叶百部碱、霍多林碱、百部定碱、异百部碱、原百部碱等，还含有乙酸、甲酸、草酸、琥珀酸、苹果酸，以及糖类、脂肪、蛋白质等。具有颉颃和杀伤致病微生物作用，对肺炎球菌、溶血链球菌、脑膜炎球菌、葡萄球菌、痢疾杆菌、伤寒杆菌、大肠杆菌、炭疽杆菌、变型杆菌等均有不同程度的抑制作用，对某些致病性真菌亦有一定抑制作用。性味苦、甘、微温，有祛寒、杀虫之功效。

苍术、贯众、大黄、黄柏、苦参、紫草、蝉蜕、甘草、蛇床子的注释分别见配方 8、2、1、9、12、13、16、1、53。

配方 57：黄精 30g　鱼腥草 10g　百部 30g　石灰水 1 000ml

【调制和用法】黄精、鱼腥草、百部三味中草药放入澄清的 1 000ml石灰水中，煮沸 30min，过滤获得石灰水药液，喷脾或加糖饲喂蜜蜂。喷脾，每群（10～12 框蜂）喷 30ml 左右，两天喷 1 次，连喷 6 次为一个疗程。轻者 4～5 次为一个疗程。喂蜂，每群每晚喂 1 次，每次喂 300～400ml，重病群增加到 500～600ml，连喂 5 次。据安徽省金圣惜使用该配方治疗蜜蜂白垩病，收到良好疗效。澄清的石灰水是生石灰加清水 4～5 倍，搅拌溶解后取“上清液”。石灰水本身对白垩病即较好的防治作用。

【注释】黄精，又称生黄精。百合科植物，根茎入药。含有毛地黄糖苷、多种蒽醌类化合物，还含有吖啶羧酸、氨基酸、多糖和淀粉等。黄精的水浸液（1∶320 浓度）具有增强免疫能力、抗衰老作用，对一些病原有抑制作用。性味甘、平，有滋阴、益气、强壮等功效。鱼腥草、百部注释分别见配方 45、56。

配方 58：丁香 20g　板蓝根 30g　黄连 20g

【调制和用法】三味中草药入锅，加入 6～8 倍清水，450～600ml，煮沸 15～20min，过滤出药液 300ml 左右，加糖 150g 可饲喂蜜蜂 2～3 群。两天喂 1 次，每次每群喂 150～250ml，连续用药 3～6 次，可防止白垩病发生和蔓延。

【注释】丁香内含有丰富的挥发油，为了减少损失，最好在板蓝根和黄连煎煮 10min 后，再放入丁香煎煮。

丁香注释见配方 46，板蓝根注释见配方 13，黄连注释见配方 4。

（三）单方治疗

例 1　食用碱治疗。50kg 白糖，加入 100kg 水搅拌溶解，再加入 10～15g 食用碱，溶化后喂蜂，可作为越冬饲料，防止早春发生白垩病。在易发生白垩病时期，可将粉状的食用碱撒在蜂箱底，每群撒食用碱5～8g。也可以用食用碱10g左右，掺在2kg的花粉内喂蜂。

例2　丝瓜叶治疗。把新鲜的丝瓜叶捣烂成泥状，放进纱布内拧出叶汁，加水2～3倍，加适量白糖喂蜂。每次喂300～500ml，连喂5次，疗效较好。原料丝瓜叶易得，可以试治蜜蜂白垩病。

例3　生石灰治疗。将粉状的生石灰撒在箱底，每群10～15g，15～20天换一次，造成碱性小环境，遏制球囊菌的繁殖，并将其致死。

真菌导致的黄曲霉菌病，基本上可以采用治疗白垩病的配方(方剂)。

例4　蜂胶治疗。把适量的新鲜蜂胶（研碎），放进75%浓度的酒精内，浸泡一昼夜，中间搅拌促使溶解，取蜂胶上清液喷脾，以呈雾状为宜，每3天喷1次，能控制和抑制蜜蜂白垩病的蔓延。

例5　大黄苏打片治疗。取大黄苏打片2片，研成粉末，溶于500ml糖水内，可喂蜂两群，疗效较好。也可在蜂场饮水器内加适量大黄苏打片，供蜂采饮。

例6　物理消毒法预防白垩病。用杀菌灯管（15W）或氧离子发生器，产生臭氧消毒、杀菌。把空巢脾提取到继箱内，下面巢箱放进杀菌灯管，封闭巢门，严封箱缝，盖好盖布、副盖、大盖，通电20min。每年春繁前杀菌一次，没有再发生蜜蜂白垩病（四川．王正全，2007年）。物理杀菌法设备简单、清洁卫生、效果好，养蜂者可以试用。

例7　百菌杀治疗。用消毒药“百菌杀”1支，加清水200ml喷脾，连喷2～3次，即能控制蜜蜂白垩病。为了防止再发病，过1个月左右再喷治一次。也可以用商品“白垩清”等药剂，加进糖浆内（浓度1∶1），傍晚喂蜂，两天喂1次，每次喂300～400ml，连喂3～4次。

例8　草木灰水治疗。秸秆或杂草（干）燃烧后剩下的草木灰，加入6～8倍清水，充分搅拌后，静置半日，取“上清液”喷脾。或加糖配制成草木灰水糖浆喂蜂，每次每晚喂 300ml 左右，强群喂 400ml 左右，连喂 3～5 次，能有效遏制白垩病真菌繁殖。此单方制备“上清液”方法简单，不花什么钱便能达到治疗的目的。其遏制蜜蜂白垩病的道理，也和生石灰、食用碱防治白垩病一样，给蜂群里暂时营造成碱性小环境，让真菌难以繁殖。

第八节　蜜蜂爬蜂病“综合征”

在养蜂过程中，我们常常看到蜜蜂爬出箱外不能回巢，不少衰竭而死，人们称这种现象为“爬蜂病”。但这种病症是由多种原因引起的，所以又称为“爬蜂病综合征”。爬蜂病病因复杂，蜜蜂的传染性疾病和非传染性疾病都有可能引起爬蜂病。养蜂者应注重病症的观察，尽可能查明原因，找出主要病原，以便对症下药，在治疗中调整治疗配方、加减药量或更换药物种类、配合比例，求其有效治疗。

一、病原

蜜蜂爬蜂病“综合征”，大多数是由传染性病原引起的，如病毒、细菌、螺原体、孢子虫、变形虫以及寄生螨类，都能导致蜜蜂爬出而不归。有的是综合感染两种以上病原所致，也有的由一种病原引起。此外，在某些地区蜜蜂采集油茶、枣花、向日葵等蜜粉源植物轻度中毒时，也表现在地上爬行。

（1）病毒　主要有慢性麻痹病病毒、急性麻痹病病毒等，主要导致蜜蜂体肢麻痹症状。

（2）病菌　主要有奇异变型杆菌、蜜蜂螺原体等。爬蜂多半不能飞起，在地面狂爬。

（3）原虫　常遇到的是蜜蜂孢子虫和马氏管变形虫等，爬蜂中有腹部膨大者和下痢者。

（4）体外寄生螨　遭受大小蜂螨危害的幼蜂发育不全。爬蜂中混有不少缺翅或翅残者。

（5）其他病因，如消化不良、慢性中毒、高温期幼蜂发育不全等引起爬蜂病。

二、主要症状

典型症状是飞不起来，在地面爬行；行动呆滞、迟缓、无力；有的腹部膨大，下痢，翅上翘或微颤，最后抽搐衰竭而死；在箱内病蜂多聚集在箱底、箱壁、框梁上或巢脾边缘，很少活动，有的排出黄绿色或褐灰色粪便。

三、流行病学

爬蜂病最初发生在20世纪80年代至90年代初，主要危害成年蜜蜂，有时幼蜂也会发生在爬蜂病行列中。首先在四川、江西、安徽、浙江等省发生，后蔓延到北部各个省、自治区，如河南、河北、内蒙古、辽宁、陕西、新疆等，现全国均有发生。病情来势猛，受害蜂群群势迅速下降，严重者全群覆没。

据研究分析，爬蜂病与季节相关：发病早的从早春开始，3月份发病率升高，4～5月份进入高潮，发病率明显增多和严重，到秋季病情减弱或发病减少。晴暖天发病率低，阴雨天、气温低易引起该病发生。

四、预防与治疗

（一）预防措施

（1）早春繁殖后，要加强保温，密集群势。

（2）蜂箱要干燥，更换受潮湿的蜂箱和保温物。

（3）趁蜂群还没有繁殖起来之时，对空蜂箱以及蜂具进行消毒。

（4）发现病群予以隔离治疗。对未发生的蜂群用中草药进行预防性的喂药。

（二）中草药配方治疗

要认真观察，分析病因，对症治疗，防止乱用药。下列治疗配方（方剂），根据病情病原选择使用。该症的病因复杂，如治疗无效，及时更换配方。

配方59：山楂200g　大黄25g

【调制和用法】干的山楂果和大黄先用少量水浸泡半小时左右，洗净，捞出放入锅内，加清水1 000ml，煮沸后用文火煮30min，可获得大黄山楂药液500～600ml，加糖配成药物糖浆喂蜂。每群蜂每次喂250ml左右，每天喂1次，连喂3～5次，对孢子虫、变形虫等病原引起的“爬蜂病”有效。如查明为原虫引起的“爬蜂病”，可在配方内增加山楂或其他酸性物质，如缺少柠檬酸，也可以用食用醋代替。

【注释】山楂果（干果）选用果色正常的，发霉、变色、变质的不要用，以免增加其他病原（如真菌、病毒）感染。

山楂注释见配方24，大黄注释见配方1。

配方60：龙胆草50g　大黄40g　使君子50g　白头翁40g

【调制和用法】四味中草药入锅，加清水1 500～2 000ml，加热煮开后用文火煎煮20min以上，锅内剩液1 000ml左右，加白糖500g配制成药物糖浆，此剂量大约可喂蜜蜂3～4群。每群每天喂200～300ml，病重群可增加喂量至300～350ml，连喂4次为一个疗程，爬蜂逐渐减少至消失。如仍出现爬蜂，再煮药液喂一个疗程。

【注释】（1）龙胆草，又名苦胆草。根茎入药。主要化学成分有环烯醚萜、裂环烯醚萜的苷类，龙胆苦苷、獐牙莱苦苷、当药苷、三叶苷、苦龙苷、四乙酰龙胆苦苷等，还含有龙胆黄碱、龙胆碱、龙胆三糖类。具有抗疟原虫、抗炎和清热燥湿功效。

（2）使君子，又名使君肉，种子入药。种子内含有使君子酸钾、肉豆蔻酸、亚油酸、棕榈酸、甾醇、糖类以及生物碱，具有抑菌、杀虫作用。水浸剂对皮肤真菌有明显抑制作用和驱虫效果。其中使君子酸钾，可能是驱虫的有效成分。使君子性味甘、温，具有消积、化瘀、止痢之功效。

(3) 白头翁，又称白公，根部入药。主要化学成分有二萜类皂苷和白头翁素等有效成分，对金黄色葡萄球菌、绿脓杆菌、痢疾杆菌、枯草杆菌、伤寒杆菌、沙门氏菌等均有明显抑制作用，对一些真菌（如皮肤真菌、酵母菌）、锥虫、白色念珠菌、流感病毒等有抑制和杀灭作用。白头翁煎剂有明显的抗阿米巴原虫（马氏管虫）作用，用白头翁组成配方治疗阿米巴原虫病有疗效。

大黄注释见配方 1。

配方 61：黄芪 50g　黄柏 50g　黄连 25g　丹参 50g

【调制和用法】称为“三黄一参”的配方，用于细菌、病毒和原虫引起的“蜜蜂爬蜂症综合征”，可取得较好的效果。在调制时要把四味药煮透，提取出更多有效成分。将“三黄一参”洗净，加入 1 500～2 000ml 清水，煮开后改文火继续煎煮 30min 左右，不得少于 20min，在煮的过程加以搅拌。过滤可获得滤液 1 000ml 左右，配制成药物糖浆喂蜂。每群蜂每次喂 300～350ml，每天 1 次，连喂 4 次显效。用此药也可以治疗蜜蜂“大肚病”、蜜蜂幼虫病等。

【注释】丹参，根入药。主要含有丹参酮、异丹参酮、隐丹参酮、丹参新酮、降丹参酮等多种酮类呋喃并非醌类化合物，还含有丹参醇、丹参醌、丹参酚、原儿茶醛、丹参素、丹参酸和乳酸等化学成分，具有较高的药用价值，能抗菌、消炎、改善微循环、扩张血管等，有活血、祛瘀、消炎、止痛、养血安神之功效。

黄芪、黄柏、黄连注释分别见配方 2、9、4。

配方 62：虎杖 20g　黄芩 20g　黄柏 20g　黄连 10g

【调制和用法】调制方法、饲喂量基本上与配方 77“三黄一参”一样。据临床应用对细菌、病毒、原虫等病原引起的“蜜蜂爬蜂病综合征”的治疗效果较好，使病情逐渐向好转变，直至病愈。由虎杖替换了丹参，药理作用未减，不仅具有抗菌、消炎作用，而且对一些病毒、钩端螺旋体亦有抑制和一定杀伤作用。

黄芩、黄柏注释见配方 9，虎杖注释见配方 3，黄连注释见配方 4。

配方 63：大黄 20g　生姜汁 10ml　米醋 60ml

【调制和用法】大黄切成片，放入 500～600ml 水中煎煮，煮至剩液 250～350ml 时，过滤获得大黄煎液备用。把生姜切碎捣成泥状，加水 90～100ml，搅拌浸泡 30min，过滤得姜水 80ml 左右。用时取大黄煎液、生姜汁各 10ml 和米醋 60ml 混合，再加水 700～800ml，配成药物糖浆喂蜂。

每群每日喂 250～300ml，15 框蜂左右的强群增加饲喂量至 300～400ml。每天喂 1 次，连喂 4～5 次。对螺原体、孢子虫等病原引起的“爬蜂病”有较好的治疗效果。有的只用生姜汁和米醋（食用醋亦可）配成的药物糖浆，亦有良好治疗效果。

【注释】大黄注释见配方 1，生姜汁注释见配方 21。

配方 64：大黄 10g　枳壳 15g（或小根蒜）　煨木香 15g

【调制和用法】三味药加水煎煮三次，三次煎液合在一起约有 1 500ml，配成药物糖浆喂蜂。每群每次喂 250～300ml，连喂 3 天后基本病愈（河南省赵志刚介绍此配方称“将军散”，2014）。

【注释】煨木香即木香，根入药。化学成分中有挥发油0.3%～3%。挥发油中含有 α 及 β-木香烃、木香内醇、二氢木香内醇、12-甲氧基二氢木香内醇、木香酸和木香醇等，还有云木香碱等多种有效物质。

煨木香抗菌作用明显，挥发油 1∶3 000 浓度能抑制链球菌、葡萄球菌等菌类的生长。另外报道，对黄癣菌等真菌有抑制、颉颃作用。煨木香性味辛、苦、温，具有调中、行气、止痛之功效。

大黄注释见配方 1，枳壳注释见配方 23。

配方 65：黄花败酱草 30g　大黄苏打片 10 片

【调制和用法】黄花败酱草（干）30g 入锅，加 1 000～1 500ml清水，煎煮至锅内剩液 800～1 000ml，冷却、过滤。然后把研成粉末状的大黄苏打片加入滤液内，搅匀，再加白糖配制成药物糖浆喂蜂。

每群每晚喂 250～300ml，强群喂 400ml。每天喂 1 次，连喂

3～4 次为一个疗程，爬蜂逐渐减少至停止。有的单用败酱草煎液加糖喂蜂，疗效亦好。

【注释】黄花败酱草又称败酱草，根和茎入药。主要化学成分有齐墩果酸、常春藤皂苷元、β-谷甾醇、β-D-葡萄糖苷、黄花败酱苷以及挥发油、生物碱等，有抑制病原球菌、肝炎病毒等作用。

如黄花败酱草购买不到，可以用牛黄解毒丸（3 粒）和大黄苏打片（5 片）配伍，调制方法简便。两药研成粉末，加入 1 000ml 糖浆内喂蜂，喂量同上。或加入稀糖液（30%～40%）内，作喷脾用。

大黄苏打片注释见配方 44。

为了提高“爬蜂病”的治疗效果，可以结合消毒蜂箱、蜂具和空巢脾。推荐使用“菌毒清”溶液（菌毒清与水比例为 0.4∶1 000）浸泡或喷施消毒，消毒后必须清水洗涤 1～2 次，晾干后才能使用，可避免药残和药害，并有助于预防和治疗“爬蜂病”的发生和蔓延。

（三）单方治疗

例 1　大黄浸泡液治疗。取大黄 30g，切成薄片，浸泡在 500～600ml 水中 24 小时，中间搅拌 1～2 次或以上，获得的大黄浸液喷脾。每群（10～12 框蜂）喷大黄水浸液 30～40ml，2～3 天喷 1 次，病重群 1～2 天喷 1 次，连续喷 3～4 次见效。结合紧脾、密集、保温和消毒效果更好。

例 2　食用醋治疗。食用醋、米醋皆可，配制浓度为 5%～6%（1 000ml 水加食用醋 50～60ml），喷脾。对由原虫引起的“爬蜂病”有抑制和减轻病症作用。食用醋喷脾无不良影响，对病重群可增加浓度至 8%左右喷脾。

例 3　楝树皮（或楝果）治疗。100g 楝皮（楝果）加入 1 000ml清水煎煮，煎至锅内剩液 500～600ml 时，过滤获得楝皮液，加白糖 200～300g，搅拌溶解，喂蜂。每群（10～12 框蜂）每次喂楝皮液糖浆 100～150ml，2 天喂 1 次，连喂 3～4 次。也可以采取 100g 楝皮（果）加 800～900ml 水浸泡一昼夜，用楝皮液喷脾，每群喷 20～30ml。

喂蜂或喷脾，均要注意观察，最好用 1～2 群试喂试喷，如无不良反应，即可治疗。否则停止喷喂或减少用量、降低浓度，切忌随便用药。

楝皮（果）煎剂或水浸剂，性味苦、寒，有毒。含有较多的苦楝素、苦楝萜酮内酯、苦楝萜醇内酯、苦楝萜酸甲酯以及异川楝素、印楝醇等，能杀虫、抗菌、抗炎，对致病真菌、球菌、杆菌均有抑制和杀伤作用，科学使用对治疗“爬蜂病”有良好效果。在生产期不要使用。

例 4 蜂胶治疗。将 100g 纯蜂胶破碎，放入 300ml 酒精（75%）内，放入白酒（45%）亦可。但白酒度数低，蜂胶溶解少。每隔 1～2 天摇动搅拌一下，以加快蜂胶的溶解速度。经过 10 天左右，取酒精蜂胶液（称蜂胶酊）封口备用。应用时，酒精蜂胶液（蜂胶酊）100ml 加清水 400ml，摇动使其混合均匀，棕色液即成为白黄色液体，及时喷脾。每群喷 20～25ml，两天喷 1 次，疗效好。注意喷液要现配现用。也有的加入一些蒜汁。蜂胶酊内含有酒精，对蜜蜂有刺激，必须先试用，蜂群骚动轻才能施药。

蜂胶溶液不仅可以防治“蜜蜂爬蜂病综合征”，还可以用于蜜蜂麻痹病、死蛹病以及幼虫病。

例 5 石炭酸防治。石炭酸为医用消毒剂。养蜂家王博亚很早就用石炭酸防治爬蜂病，效果好。用法：预防性给药每群用量 5～7 滴，治疗性给药 8～10 滴，滴在箱底或框梁上。不能超过 20 滴，防止蜜蜂中毒。在非生产期施用。养蜂者可以试治。控制用量，注意观察蜜蜂反应。

例 6 大蒜治疗。取 1 000g 大蒜瓣，捣烂成泥，加入凉开水 500～600ml，浸泡 24h 后，用纱布过滤挤出大蒜汁，备用。取大蒜汁 3～5ml、500g 糖水（糖∶水为 1∶1）和低度白酒 10ml，混合均匀，提出蜂脾喷治，每群喷 30ml，以蜂体雾湿为止。两天喷 1 次，喷 6 次为一个疗程，间隔 3～4 天再进行第二个疗程。治疗后，要注意观察蜜蜂的应激反应。

第九节　大蜂螨病

在蜜蜂寄生螨中大蜂螨（雅氏瓦螨）和小蜂螨（亮热厉螨）对蜜蜂危害较大，可引起严重的螨害，致使蜜蜂体弱，群势下降，采集力、哺育力减弱，幼蜂发育不全、残疾甚至死亡，严重时会造成全群覆没。防治蜂螨已成为养蜂者的重要任务之一，控制住蜂螨，则一年的生产效益可得到提高。目前，防治蜂螨的药剂很多，要选择疗效好、污染少或无污染的药物治疗。

大蜂螨主要寄生在蜜蜂体壁绒毛多的部位和腹节间出，以及幼虫和蛹的体表上。能危害蜂卵以外的蜂幼虫、蛹和成年蜂，吸吮体液，造成幼虫和蛹发育受阻而死亡。即使能出房的蜜蜂，因体小、体弱、残缺（如翅残），失去飞行能力和生产利用价值。

一、病原

危害蜜蜂的大蜂螨又称雅氏瓦螨。大蜂螨个体发育分卵、若螨、成螨三个不同的形态。螨卵呈乳白色，近圆形，直径为0.43～0.60mm。若螨分前期若螨和后期若螨两种，前期若螨为卵圆形，白色透明，大小为0.7mm×0.8mm。后期若螨雌性为卵形，大小为（0.9～1.1）mm×（1.14～1.6）mm；雄性为圆形，大小为（0.74～0.88）mm×（0.70～0.8）mm，四对足。发育成熟的雌螨呈棕褐色至暗红色，身体被整体角质化的背板所覆盖，大小为1.44mm×1.73mm，呈椭圆形。雌螨常在未封盖的蜂房内（尤其是雄蜂房）产卵，寄生在蜜蜂幼虫上。雄螨为卵圆形，淡黄红色，大小为0.89mm×0.73mm。雄性比雌性体小，如图2-10。

发育成熟的雌螨与雄螨交尾后，雄螨不久即死去，而雌螨产卵于蜂房内。1只雌螨一般能产卵2～7粒，整个生活周期为7天。卵发育成若螨，寄生于蜜蜂幼虫体上，后转到蜂蛹上，最后随幼蜂出房仍寄生在幼蜂体壁上。1只工蜂幼虫或蛹体上能寄生1～2只

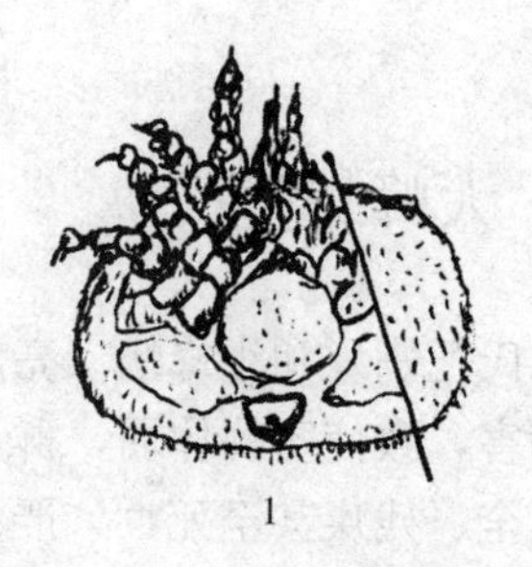
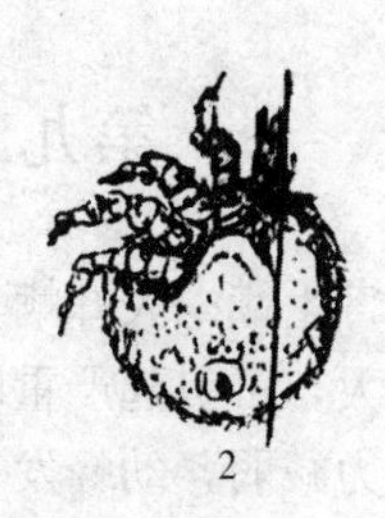

1　　2

图 2-10　雅氏瓦螨（大蜂螨）

1. 雌螨　2. 雄螨

蜂螨，雄蜂幼虫或蛹可寄生 2～4 只蜂螨，螨害严重时可寄生 6～7 只或以上。雄蜂房蜂螨寄生多，其原因一是雄蜂幼虫发育阶段能分泌激素引诱蜂螨潜入雄蜂房内产卵；二是雄蜂房容积大，雄蜂幼虫发育时间长，有利于蜂螨的繁殖。

二、危害和症状

大蜂螨主要潜入蜜蜂幼虫房内产卵、发育，寄生于蜜蜂幼虫和蛹体上，吸吮体液和血淋巴为主要营养物质来源，致使蜜蜂幼虫和蛹生长发育不良、残疾，甚至早期死亡或成蛹后死亡，蛹头伸出，不能羽化。其中不少蜜蜂出房时畸形、翅残或无翅，不能飞翔，四处爬行，衰弱而死。

被蜂螨寄生的蜂群数量减少，群势下降，严重时全群覆没。轻者蜂群生产力下降 20％～30％，重者下降 40％～50％，甚至没有收益。

三、流行病学

大蜂螨 1904 年首次发现于爪哇的印度蜂群，现在大部分国家都有发生和危害。我国于 1956 年在福建、广东、江苏、浙江等省的意大利蜜蜂身上发现大蜂螨寄生，1960 年后逐渐蔓延至全国，成为西方蜜蜂的一大螨害，很难根除。中华蜜蜂清螨能力强，寄生率低，危害较轻。

大蜂螨的传播相当快。蜂场之间或蜂群之间主要的传播途径是合并蜂群、调换子脾、抽出子脾以强补弱或发生盗蜂、蜜蜂迷巢等。在一个群内蜜蜂之间更容易传播，蜂螨爬行相当迅速，四对足抓附力极强，可疾速从一只蜜蜂身上爬到另外一只蜜蜂身上潜伏。

大蜂螨最适宜的生长繁殖温度为 30～35℃，温度高、湿度适宜繁殖很快。开春后蜂王产卵，巢内中心温度达 34～35℃，越冬的受精雌螨便离开蜂体进入蜂房产卵，幼螨寄生在蜜蜂幼虫和蛹体上，以后附在幼蜂体上随幼蜂出房而出房；幼螨发育成熟，两性螨性交，雄螨不久死去，而雌螨又潜入蜂房寄生，这样一代接一代繁殖。如果外界气温升高，蜜粉源丰富，蜜蜂繁殖加快、群势变强，也可能把大蜂螨“控制”在一定寄生率内。到秋季气温降低，蜜粉源日益减少，群势下降，而蜂螨仍在繁殖，使寄生率上升；到秋末、初冬巢内无幼虫和蜂蛹，蜂螨也停止繁殖，受精后的雌螨寄生在蜜蜂体上越冬。在秋季或早春进行治螨效果较好，因为大蜂螨全在蜂体上。在繁殖期，小蜂螨主要寄生于蜜蜂幼虫和蜂蛹的巢房内，很少在成年蜂身上寄生（见图 20），这很可能与小蜂螨刺吸口器短小有关，大蜂螨体大、刺吸性口器较长，能在成蜂体壁吸到体液，因此大蜂螨可以在成蜂身上顺利越冬。见图 2-11 和图 2-12。

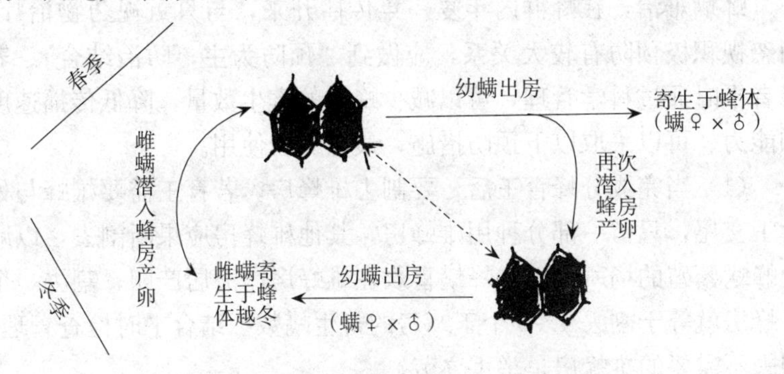

图 2-11　大小蜂螨寄生活动示意路线

小蜂螨不寄生于蜂体，只匿居于蜂房内，大蜂螨可寄生于蜂体

图示：—— 大蜂螨；------ 小蜂螨；示蜂房；

♂示雄螨　♀示雌螨　♀×♂交尾

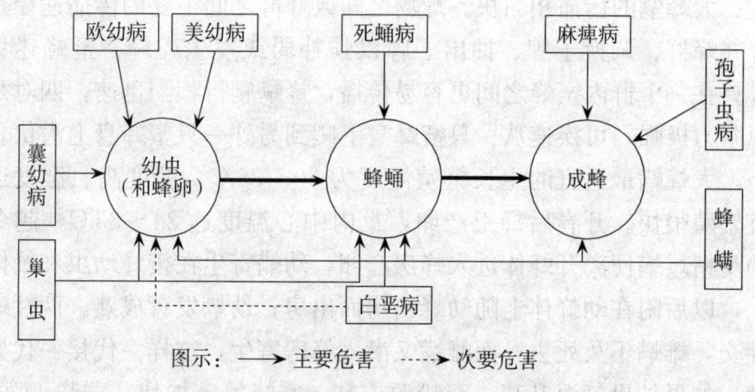

图 2-12　蜜蜂几大疾病危害对象不同

和其他蜂病相比，蜂螨对幼虫、蛹和成年蜂皆有危害是经常防治对象，巢虫危害幼虫、蜂蛹较为缓慢，对成年蜂没有侵害。但它危害范围大，蚕食巢脾，危及蜂卵、幼虫和蜂蛹等。防治巢虫不能忽视，特别是对中蜂更为重要。

四、预防与防治

（一）预防措施

蜂螨难治，在蜂群内年复一年传播开来，与只重视药物治疗，而忽视积极预防有较大关系，应做到“预防为主，防治结合”。养蜂者平时通过科学管理，可以减少蜂螨的寄生数量，降低传播速度和能力。可以采取以下预防措施，最好综合使用。

（1）当完成分蜂育王后，要割去雄蜂房。若育王需要雄蜂与处女王交尾，只留一部分种用雄蜂房，其他雄蜂房应果断割去，以减少蜂螨繁殖的场所。已知蜂螨喜欢在雄蜂房内潜居产卵，割去一个雄蜂房就等于割去 4～5 个工蜂房的寄生螨数。结合平时检查管理，割去不需要的雄蜂房是举手之劳。

（2）巢脾要做浸泡处理。作者饲养试验意蜂群 35 群，2004 年蜂螨发生严重，蜂体上、蛹上皆发现蜂螨，巢门前残疾蜂（缺翅等）增多，疑为蜜蜂对某种治螨的挂片产生抗药性，使疗效明显下降。更换治螨挂片，并采取挂片与泡巢脾相结合治螨。具体方法：到秋季（早春亦可）除挂治螨片外，把箱内无子的空脾提出，浸泡在高锰酸钾水内（浓度0.1%～0.2%）维持24小时，再用清水冲洗两遍，晾干更换出完幼蜂的空脾再做浸泡处理，直至全部处理完毕。

经过浸泡的巢脾色变淡，污染物和暂存在巢房内的蜂螨和螨卵被清除掉。这样挂片结合＋高锰酸钾溶液浸泡巢脾的蜂群，直到翌年7月未发现有蜂螨寄生。割开成片的封盖雄蜂房寻找幼螨，观察300多个蜂房未见到一只幼螨，成蜂体上也没找到蜂螨。7月28日察看200多个雄蜂房和两张脾上的蜜蜂，8月6日和8月25日又观察95个雄蜂房和大量成年工蜂，皆未找到幼螨和成螨，仅8月26日在一个雄蜂房内观察到一只幼螨。由此认识到：用药治螨结合进行药水浸泡空巢脾，可以做到进一步清螨。

（3）要留心注意观察，在蜂螨寄生多所谓蜂螨“猖狂”的时候，要尽量防止发生盗蜂或迷巢，不能轻易合并蜂群。即没有蜂螨的健康群，不要和有蜂螨寄生的蜂群合并。从外场购进蜂群要检查是否有蜂螨寄生，治螨后再进蜂场。平时管理蜂群也不要随意调换子脾或合并弱群。

（4）除了割除多余雄蜂房外，还可以主动杀灭蜂螨：根据蜂螨喜欢在雄蜂房内产卵繁殖的习性，可以在蜂箱内放置雄蜂巢脾（没有专用雄蜂房巢脾，选择雄蜂房较多的巢脾），使蜂王产未受精卵，孵化成雄蜂幼虫，诱导雌蜂螨产卵，然后抽出巢脾化蜡或消毒杀灭处理，采取此方法可使蜂螨减少20%～40%。利用雄蜂房多的巢脾可诱蜂螨入房产卵的方法，可以和生产雄蜂蛹结合起来，一举两得。

（二）中草药配方治疗

治螨的最佳时期是早春蜂王尚未产卵和晚秋蜂王已停止产卵（必要时人工扣王断子）后，蜂群内没有了封盖子脾，这时药物治螨效果较好，比较彻底。药物治螨不能总用一种药物，应交替使用不同药物，防止蜂螨产生抗药性，治疗效果下降。治螨药物甚多，有生物治螨、有物理方法治螨，养蜂者根据当地“就地取材”的难易，选择适合的药剂治疗。

配方 66：土大黄 20g　青木香皮 15g　酒精 50ml（95%浓度）　蜂胶 12g

【调制和用法】把干的土大黄和青木香皮稍加破碎，浸泡在 400ml 水内一昼夜。另外把蜂胶破碎，放入酒精内浸泡一周。浸泡过程中多次搅拌，促使溶解速度加快，以提高酒精内的蜂胶含量。放置时封口，防止酒精挥发。用时取土大黄、青木香皮浸液 40ml 和蜂胶酊 3ml，两液混合用作喷脾。两天 1 次，连喷 3～5 次，能基本上减少大小蜂螨对蜜蜂的危害，明显降低蜂螨的寄生率。

【注释】（1）土大黄又称羊蹄根，根入药。主要化学成分有大黄酚、大黄素、大黄素甲醚等蒽醌类化合物及其苷类，还含有酸模素、糖类等。土大黄煎液能抑制真菌（酸模素起到抑制作用）、杆菌、病毒，并且有杀虫疗癣的功能。

（2）蜂胶。养蜂者容易取得蜂胶，最好用新鲜蜂胶配制。蜂胶成分复杂，主要化学成分有大量的黄酮化合物，约 50 多种之多，还含有萜类、烯类、酚类化合物达 27 种以上，挥发油 22 种，其次是多糖、多种酶、氨基酸、脂肪酸、维生素以及 34 种微量元素和常量元素等。具有很强的抗菌、抗病毒、消炎、抗氧化、抗原虫等药理作用和临床应用效应。在调制过程中，因蜂胶内化学成分复杂，特别是挥发物质丰富，切忌加热煎煮，只能破碎用酒精（或白酒）浸泡取溶液用。水浸泡溶解度很低，绝大多数成分不溶于水。

青椿注释见配方 8。

配方 67：烟叶 500g　生石灰 250g　洗衣粉 100g

【调制和用法】先将干烟叶揉成粉状，与生石灰、洗衣粉三者混合在一起，拌匀，装入容器中；加入 1 500ml 清水，用塑料膜严封容器口，浸闷 14～15h，即可使用。用量平箱用 8～10g，继箱群可用 14～15g，直接撒在框梁的纱布上。经过一昼夜，抽出箱底的硬纸板，清除上面的落螨和残药即可。一般 3～4 天治 1 次，连续治 2～3 次。

据应用观察：治疗 2 次即可杀死蜂体上的蜂螨，连治 3～4 次可熏杀死蜂房内的幼螨。疗效好，污染少或没有污染。市售的“螨必清”药剂，也是用烟叶等药物配制而成的杀螨药物。

也可以用烟叶水剂喷蜂脾治大蜂螨。制法：烟叶 500g，加水 700～800ml，煎煮至剩液 300～400ml 停火，过滤去渣得烟叶水。也可以在烟叶水内加入 100ml 生石灰溶液的上清液，拌匀，喷蜂脾至脾面蜂体上呈雾湿为宜（勿喷过多），能有效杀伤大蜂螨。

【注释】烟叶，又称为烟草、黄烟。叶片内含有丰富的生物碱。据报道，从中可以分离出 14 种以上的生物碱类，占烟叶含量的 1%～9%。重要的有毒黎碱、去氢毒黎碱、左旋菸碱等。另外，还含有咖啡酰腐胺、香豆酰腐胺、茄尼醇、芦丁、苹果酸、枸橼酸、咖啡酸、奎宁酸、绿原酸以及酮类、多种氨基酸等。外用杀虫、消炎、消肿，具有触杀、熏杀和胃毒效力，是天然的杀虫药。烟草有毒（尤其是烟碱），使用时掌握好用量和使用次数，切忌随便撒施。施用后 3 天，应及时清除箱内药物残留部分。在生产期最好停用烟草制剂。

配方 68：硫黄 70g（升华硫）　萘 30g

【调制和用法】先把硫黄（升华硫）和萘研成细末，两者的配比为 7∶3，充分混合为硫萘合剂，封严备用。用法：傍晚把硫萘合剂均匀地撒在硬纸板上，开巢门将硬纸板从巢门推进箱底，不关巢门。次日晨拉出硬纸板，集中落螨烧掉。用量：平箱群 5g 左右，一次不能超过 6g，继箱群 6～8g。每周治 1 次，连治 3 次。此配方对大、小蜂螨均有治疗效果。

【注释】萘是制卫生球的原料，买不到纯萘也可以用卫生球代替制成硫萘熏蒸合剂。用升华硫更好，受热后熏蒸作用大，效果快而好。

配方 69：苦艾 50g　赤松叶 50g

【调制和用法】苦艾和赤松叶混合入锅，加清水 1 000ml，煮沸后改文火煎煮 20min，锅内剩液 500～600ml 时，停火，过滤。滤液加糖溶解后饲喂早春和越冬前的蜂群。每群每晚喂 200～300ml，落螨率可达 88.7%～92.5%，并具有提高蜜蜂消化能力、刺激繁殖、增强群势的作用。此配方治螨效果好，对蜂无刺激，没有副作用。

据资料：1990 年苏联 A. M 阿巴库莫夫用苦艾和欧洲赤松叶水煎液加糖饲喂越冬蜂，降螨率 89%以上。1990 年第 56 期俄罗斯《养蜂业》报道，A. H 拉蒂莫用松针粉防治大蜂螨效果甚佳。将松树和云杉的针叶磨成细粉，包在纱布中抖撒在蜂体上，每群用量 40～50g，7 天 1 次，共用 3 次达到治螨目的。施用 12 小时后，蜜蜂全部脱螨。其落螨原理与粉末治螨类似，粉末使蜂螨附节上的吸盘蒙上一层粉，而失去吸附力，掉落箱底，不能爬回蜂体而死亡。此外，还有一个原因，即针叶气味的作用，大蜂螨忍受不了针叶的特殊气味而骚动寻找“避难所”，失足掉落。

【注释】（1）苦艾，叶和细茎入药。化学成分有大量的挥发油如桉油素、萜品烯醇、β-石竹烯、水芹烯、毕澄加烯以及侧柏醇、香芹酮、小茴香酮、胡椒酮、龙脑、松油醇等。

艾叶对多种细菌、真菌均有抑制作用和杀灭作用。艾叶性味苦、辛、温，有温经、止血、散寒、止痛等功效。

（2）赤松，赤松的叶和松节入药。含有挥发油，α-蒎烯、β-蒎烯等约占 90%以上，其次还含有崁烯、树脂等。性味苦、温，具有祛风、燥湿、止痛、消炎、镇静的功效。苦艾和赤松含有丰富的挥发油物质，为了减少流失和损失，煎煮的时间不要太长，一般文火煮 20min 左右为宜，防止爆火煎煮。

（三）单方治疗

例 1 泽兰治螨。泽兰，为唇形科多年生草本植物，全草入药。夏天生长茂盛，可割取晒干备用或鲜用。化学成分主要有挥发油类、葡萄糖苷、黄酮苷、皂苷、酚类、泽兰糖、半乳糖、水苏糖、棉籽糖和有机酸等。泽兰具有对病菌的抑制作用和灭虫作用，能改善微循环和增强心功能。性味苦、辛，有活血、祛瘀、消肿等功效。

用法：将泽兰放入水中浸泡数小时，搅拌，用浸液喷脾（方法同芹菜）。

例 2　芹菜浸液治螨。取新鲜芹菜（药芹）1 000g，切碎捣烂，再加入 1 000～1 200ml 清水浸泡数小时，适当搅拌，然后过滤获得绿色浸液，喷脾治螨。每框蜂可喷 0.4～0.5ml，每天喷 1 次，连喷 3～4 次，停数天再喷 3 次。一般落螨率为 95%～100%。据黑龙江省牡丹江农业科学研究所研究人员李俊泽治疗效果报道：(1989) 用芹菜提取液喷施治螨，防治效果为 94.84%，高达 100%，对大小蜂螨均有杀伤作用。新鲜芹菜浸液治螨效果好，而煎液疗效差，可能因加热煎煮破坏了芹菜内某种有效成分，尤其是挥发油的散失，故不要煎煮制备芹菜液。

芹菜（或药芹）具有特别气味，含有较丰富的多种挥发油。主要化学成分有：3-异亚丁酸、4-二氢苯酞内酯、3-异戊叉基、氧化苎烯、二氢香芹酮、紫罗酮、二氢香芹醇、咖啡酸、芸香苷等，芹菜种子内含有较多的芹菜苷、芹菜双糖苷等。芹菜价廉，取材方便易得，其浸液对大、小蜂螨均有防治效用，无任何副作用，可以试用。

例 3　卫生球治螨。我国使用卫生球治螨时间久远。除了和硫黄配伍治螨外，还可以单独治螨，对大蜂螨有良好的杀伤力。把卫生球（或萘）研成粉状，傍晚均匀撒在硬纸板上，上面再覆盖一层有孔的纸，从巢门推进蜂箱底，不关巢门熏蒸一夜。第二天早晨抽出硬纸板，集中落螨烧掉。气温在 20℃以上时使用熏蒸效果较好。每群每次用量 20g（3～4 个卫生球）。

例 4　草酸治螨。草酸基本上无残留、无毒副作用。据来自台湾的治螨信息（颜志立报道，2007 年）：用 3%的草酸溶液喷脾，巢脾两面都喷到，隔 3 天喷 1 次，连喷 5 次，落螨率可达 90%，对大蜂螨具有杀伤力。

例 5　硫黄治螨。矿物类产品硫黄，具有消毒、除虫、杀菌等作用，防治大、小蜂螨效果较好，尤其是防治小蜂螨效果更明显。

湖南省剪象林（2009 年）介绍多种使用硫黄的方法，值得借鉴，介绍如下，供参考使用。

（1）硫黄烟熏剂治封盖子脾内的藏螨。外界气温在 25℃以上（30～32℃）时，从蜂箱内提取封盖子脾，抖去脾面上的蜜蜂，放进空箱内，每个箱体内放 8 框为宜，也可以加上两个继箱，封严箱缝，顶端箱体加盖塑料薄膜，盖好副盖和大盖。每一箱体平均用硫黄 3～5g，点燃硫黄烟剂。迅速放在巢箱底部的大瓦片上（防烧坏箱底），立即封好巢门。熏治 1～2min，打开巢门和上端的覆盖物，让其通风散去药味，取出子脾散味 2～3min，将子脾分别依次放回原蜂群内。半小时后，观察蜜蜂上脾、蜂王开始产卵、工蜂正常活动，即熏治蜂螨结束。

（2）用硫黄乳剂涂刷封盖子脾脾面。取硫黄（粉状）500g，用米汤或淀粉稀糊调制成硫黄乳剂。将需要治螨的封盖子脾提出抖去脾面上蜜蜂，用干净细毛刷蘸少许乳剂快速均匀涂在子脾表面，放入原群，依次进行。乳剂涂脾要严格控制用量、次数，慎重使用。气温高时，螨害轻可少涂一些。如长江中下游地区，每年 5～10 月间，一个生产群最多用此法治螨 1～2 次，以控制蜂螨密度，减轻螨害。

（3）用硫黄烟剂熏治蜜蜂体上的蜂螨。需要治螨的蜂群，顶箱盖好盖布、副盖和箱盖后，点燃硫黄药包一角，迅速放置于巢箱底的瓦片上，药包上再盖上小铁纱罩防止伤蜂。封好巢门，烟熏 1min，不能超过 1.5min。打开巢门，掀起盖布，通风排除硫黄烟味。硫黄用量每个箱体不超过 3g 为宜。

（4）硫黄水剂喷雾治螨。取硫黄粉 500g，放入干净的容器内，用开水 500ml 冲泡密封，每天摇动或搅拌几次，7～8 天沉淀后过滤备用，只取上清液喷脾，以脾面蜂体表面呈雾湿状为度。

（5）硫黄加化石香粉合成粉剂治螨。化石香粉是一种爽身粉，中药店有售。配制方法：取硫黄 4 份，化石香粉 1 份，充分拌匀制成治螨粉剂。用此粉剂均匀撒在蜂路间、框梁上或箱底处，每箱用量 3～4g。用药后蜜蜂活动增加，振翅、碰触，使粉剂扩散开来，均成“粉浴”。也可以将硫黄制剂与螨扑（挂片）间隔使用。

注意：以上单用硫黄制剂治螨，初用者先用1～2群蜂试用，了解根据不同群势、气温差异治螨的用量后，再全面施用，防止过量造成药害。再者，不论采用硫黄烟剂、乳剂、水剂或粉剂治螨，用药后一定要扫除留在箱内的残余，尤其是粉剂、乳剂要认真清除，以减少对产品的污染，并注意不要在生产蜂产品时期施用。

例6　粉末治螨，粉末治螨的原理和操作方法，以及粉末治螨的效果，请参阅第一章中的第六节“用物理方法治螨”内容介绍。

例7　百里酚治螨，香精油内主要组成为百里酚，在实验室内试验杀螨率一般超过90%，对蜜蜂危害很小，残留低。Mikijuk测试百里酚有较好的抑螨活性：每框蜂使用0.25g百里酚，蜂螨死亡率为55%。在南斯拉夫Marchetti，使用百里酚和割除雄蜂子脾结合治螨，将百里酚放入纱布袋内，悬挂在子脾之间，治螨效果较好，抑螨率从66%提升为98%。由76%的百里酚、16.4%%桉油醇、3.8%薄荷醇和3.8%樟脑配制、意大利生产的抑螨剂，放入多孔的瓷片中治螨效果亦好。

例8　百部治螨。将百部切成片用清水浸泡24h，取浸泡液喷脾治螨。也可以和白酒配合治螨。做法是：将20g百部浸泡在500ml白酒内，浸泡1周。取浸泡的百部酒液，加入等量清水，喷蜂脾，以脾面薄雾状为宜。5～6天喷1次，连喷3～4次。对大蜂螨、小蜂螨以及巢虫均有杀伤作用。

需注意：百部液内的白酒喷脾对蜜蜂有刺激作用，不能喷施过多，并留心观察蜜蜂的情况。喷脾时要倾斜喷，不能喷于巢房内幼虫上。百部注释见配方68。

例9　烟叶治螨，山东省临清市张海市用干烟叶150g，加清水750ml浸泡一夜后，再煎煮半小时，浓缩成500ml烟叶水，用过滤液进行喷脾治疗。此剂量可喷100张蜂脾，疗效96%以上。

北京市农业科学院养蜂室研制的“螨必清”，也是将干烟叶揉成细末，1kg烟叶末加500g生石灰、200g洗衣粉和3 000ml水（或干烟叶粉1 000g和400g硫黄粉配伍，加水700ml）充分搅拌后装入容器封严。头天配制，次日使用。把药直接撒在框梁上和蜂路内，盖好覆布，不关巢门。30g 干烟叶可治 3 个平箱群或 2 个继箱群。用此药治疗 1 次可杀死蜂体上的蜂螨，连治 5～6 次（每次间隔 3 天），可消灭蜂房内的蜂螨，效果好（郭芳彬，1991）。使用烟叶末治螨，注意掌握用量和用药后蜜蜂的反应。若用量控制好一般还是很安全的。

第十节　小蜂螨（亮热厉螨）病

小蜂螨又名亮热厉螨，在亚洲许多国家和地区都发现有小蜂螨的危害。这种寄生螨和大蜂螨寄生对象不一样，它主要寄生在蜜蜂幼虫和蛹体上，很少寄生于蜜蜂体上，以蜂房作为其生存和繁殖的场所。小蜂螨存活的时间很短，仅有 1～2 天的生命时间。因其主要危害蜜蜂幼虫和蜂蛹，对蜜蜂繁殖危害很大。

一、病原

小蜂螨（亮热厉螨）的个体发育部分为四个阶段，即卵、幼虫、若螨和成螨，从卵到成螨整个发育周期为 4.5～5 天。雌螨呈长椭圆形，体色由黄色变为褐黄色或黄棕色，大小为 1.06mm×0.59mm；雄螨呈长卵圆形，体稍小，淡褐色或淡棕色，大小为 0.95mm×0.56mm（图 2-13）。

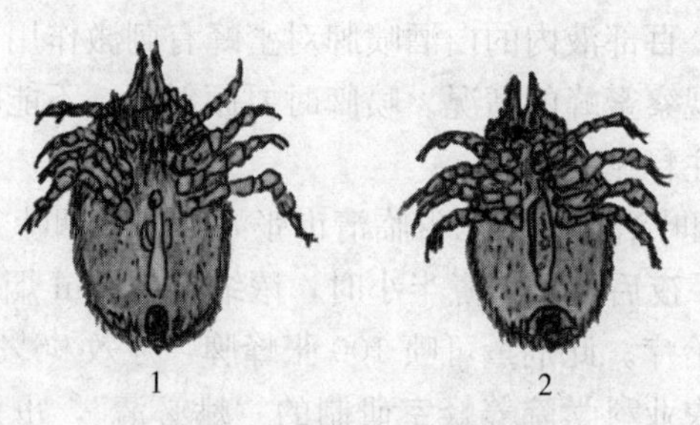

图 2-13　小蜂螨（亮热厉螨）

1. 雌螨　2. 雄螨

小蜂螨主要寄生于子脾内，靠吸吮蜜蜂幼虫和蜂蛹的血淋巴生活。小蜂螨具有很强的趋光性，在阳光和灯光照射下，常常爬出巢房，利用这一特性可检查小蜂螨的附着情况。针对小蜂螨主要寄生在巢房内幼虫和蜂蛹体表的特点，人们采取断子、割雄蜂子房的办法防治小蜂螨。

二、危害和症状

由于小蜂螨主要寄生在子脾内的蜜蜂幼虫和蛹体上，吸吮其血淋巴为营养，导致幼虫和蛹发育不良，有的早期死亡。雌螨从房盖穿孔处爬出，又潜入其他巢房内繁殖，危害幼虫和蛹。即使蛹羽化成蜂，幼蜂肢体残缺不全，残足缺翅、卷翅，有的发育不良、体弱小，爬出巢门乱爬后死亡，造成群势锐减。

三、流行病学

小蜂螨主要发生在亚洲地区，如菲律宾、缅甸、泰国、越南、印度、阿富汗、巴基斯坦和中国等。从 1960 年前后在广东发现小蜂螨，已蔓延到全国各地，现我国各地均有小蜂螨的发生和传播。一般认为小蜂螨在南方可以越冬，在无绝对断子期的蜂群内越冬，到第二年 2～3 月份开始繁殖，5～6 月份达到繁殖高峰。到了秋末冬初，蜂王停止产卵，群内无卵和幼虫后，其寄生率迅速下降。在我国北方寒冷地区，尚未发现小蜂螨越冬。

小蜂螨在群间传播主要是通过调整子脾或合并蜂群以及盗蜂、迷巢蜂传播。蜂场之间或地区之间传播主要是转地放蜂、购进蜂群、交换蜂种等情况下发生。

四、预防与治疗

（一）预防措施

小蜂螨繁殖盛期可以用割蜜刀割去已封盖的雄蜂房，清除雄蜂蛹上的小蜂螨；子脾上如有小蜂螨寄生，提取子脾集中治螨；不要随意调换子脾、合并蜂群，日常管理时防止发生盗蜂；蜂箱摆放不要千篇一律，要有定位差异，以减少出勤蜂迷巢现象发生。

（二）中草药配方治疗

不少治疗大蜂螨的药物，对小蜂螨亦有良好的治疗效果，如烟叶、生石灰、洗衣粉合剂、硫黄和萘（卫生球）合剂以及苦艾和赤松叶配伍治螨等。

配方 70：百部 40g　苦楝子 20 个　八角 10 个

【调制和用法】将三味药入锅，加清水 600ml 左右，煎至锅内水约剩 250ml，冷却过滤。滤液用以喷蜂脾，以蜂体和脾面雾湿为宜，不要喷过量。可防治大小蜂螨。

【注释】

百部注释见配方 56。苦楝子为苦楝树果实，要掌握好用量。

（三）单方治疗

例 1　烟叶水治螨。把 300～400g 烟叶浸泡在 1 000ml 清水内一昼夜，文火煮开 20min，过滤，获得烟叶滤液（烟叶水）500～600ml，喷脾。两天喷 1 次，每次喷 20ml 左右，强群 25～30ml，连喷两次。防治大小蜂螨，一般落螨率可达到 95%左右。初用者，应用 1～2 群蜂试治，蜂群没有大的骚动和危害时，再全面喷治。根据落螨效果，可调节烟叶水的浓度和用量。

例 2　硫黄治小蜂螨。将硫黄（升华硫）研成粉末，愈细愈好，包在双层纱布里。提出封盖子脾，抖去脾面上的蜜蜂，手持硫黄纱布袋以硫黄粉末轻轻抖擦脾面。10 框蜂群用量约 3g，7 天治 1 次，连续治 3 次。也可以将硫黄粉直接撒在蜂路间或框梁上，用量用法同上。

如蜂螨严重，可将脱去蜜蜂的子脾，集中在空箱内加上继箱，封严箱缝，盖严盖布和箱盖，点燃瓷碗内的硫黄粉，迅速送进箱内（离巢脾远些），密封巢门 2～3min（不超过 3min）后，启开通风，再将子脾送回原群。两个箱体用硫黄量 5～7g，连熏 2 次。炎热季节，可以用升华硫代替硫黄粉熏子脾。为了防止巢虫蚕食可抽出来的空巢脾，也可以用硫黄重熏，增加用量，两个箱体用硫黄 8～10g，连熏 2～3 次。这样不仅杀灭巢虫和巢虫卵，同时可杀死巢脾上的螨卵和螨幼虫。熏前严封箱缝，熏后不用巢脾时可以原封不动存放。

例 3　巢内断子治螨。小蜂螨主要寄生于子脾内的蜜蜂幼虫和蛹体上，可以采取扣王断子的办法，阻止小蜂螨的繁殖。待断子 9～10 天，巢内没有新蜜蜂幼虫增加时，打开封盖幼虫房，将子脾放入摇蜜机内甩出幼虫和蛹（如数量少可人工夹出），消灭小蜂螨幼虫、若螨和成螨。

中国农业科学院蜜蜂研究所科研人员，采取同巢分区断子治小蜂螨，取得较好的效果。把蜂箱分隔为两个区，使各区造成断子状态 2～3 天，让小蜂螨无法生存，防治小蜂螨效果达到 98％以上。

分区治小蜂螨的具体做法是：采用一个与隔王板大小相同的隔离板，置于巢箱和继箱之间。将蜂王留在一区内继续产卵，而把子脾全部调入另一区内，造成有王区内绝对无大小幼虫 2～3 天。待无王区子脾上的幼蜂全部出房后，该区绝对断子 2～3 天，这样使小蜂螨全部自然死亡。这种方法治小蜂螨优多点：能保持群势正常生活秩序和蜂王的正常产卵繁殖，不影响蜂王浆生产，便于操作，降低劳动强度，为有效防治小蜂螨开辟了一个新的途径（冯峰、魏华珍，2000）。

（四）自制烟熏剂治疗大、小蜂螨

20 世纪 60—70 年代，广泛使用烟熏剂治螨，这种方法污染少、“药残”少和产生药害少，不仅能杀伤大小蜂螨，而且环保。现在仍可应用于临床治螨。使用比较多的是敌螨烟熏剂和螨卵酯熏烟剂两种，其自制配方如下。

配方 71：敌螨熏烟剂：硫化二苯胺 20％、硝酸钾 25％、细木屑 55％。

配方 72：螨卵酯烟熏剂：螨卵酯 20％、硝酸钾 25％、细木屑 55％。

以上两种熏烟剂配方简单，制作方便。分别把各自的三种原料混合均匀（按比例配制），然后装入纸袋内，每袋可装2～3g，封严纸袋口，置干燥处保存备用。两种熏烟剂的三种原料中，硝酸钾为燃体，细木屑为载体并起到助燃作用。

用法：每群（10～12框蜂或以上）蜜蜂用一包，用时点燃药包一角，迅速放在瓦片等物上（以防烧坏蜂箱底板），从巢门推进蜂箱置于一侧空隙处，立即密封巢门，盖严箱盖和盖布，密闭烟熏20～30min后启开巢门通风。一般每1～2天烟熏1次，连续熏2～3次。硫化二苯胺或螨卵酯通过燃烧其气味散布于箱内，杀伤大小蜂螨效果较好。启开巢门通风后，药味散失，对蜜蜂基本无伤害，对蜂产品无污染。市售的双甲脒烟剂治疗大小蜂螨也较好，应按规定使用。一般来说烟剂比其他药剂污染程度轻得多，多选用烟熏剂治螨比用粉剂、膏剂治螨副作用小。

当前市面治疗蜂螨的熏蒸剂剂型较多，如氟胺氰菊酯条、氟氯苯氰菊酯条，还有甲酸熏蒸剂等，按照说明使用。熏蒸挂条（片）使用方便、省事，挂在箱内即可。但需要注意的是：不要年年、月月老是用一种熏蒸剂（条），否则疗效会减弱，效果变差，并可能产生耐药性。某种挂片用数次后，可以更换用其他治螨药，或者不同治螨药剂型交换使用，但不要同箱同时用两种药剂，避免两种药互相影响，产生副效应（如药效互抵减弱或失效）。

第十一节　蜜蜂壁虱病

蜜蜂壁虱病又称蜜蜂气管壁虱病、气管螨。该病对蜜蜂危害较大，造成春季和晚秋蜜蜂大量死亡，群势急剧下降，导致春衰和秋衰，越冬困难。即使越冬，蜜蜂不结团，烦躁不安，寿命缩短，在越冬中死亡多。

一、病原

蜜蜂壁虱病是壁虱寄生于蜜蜂气管内壁引起的。雌壁虱体长120～170um，体宽76～100um，椭圆形，背板分节，头胸节背板上着生 8 对长刚毛，尾节着生 5 对刚毛。雄壁虱体长 96～100um，体宽 60～63um（图 2-14）。椭圆形，背板上着生 6 对刚毛。成年壁虱有 4 对足，口器为棘状小管，刺吸能力很强。

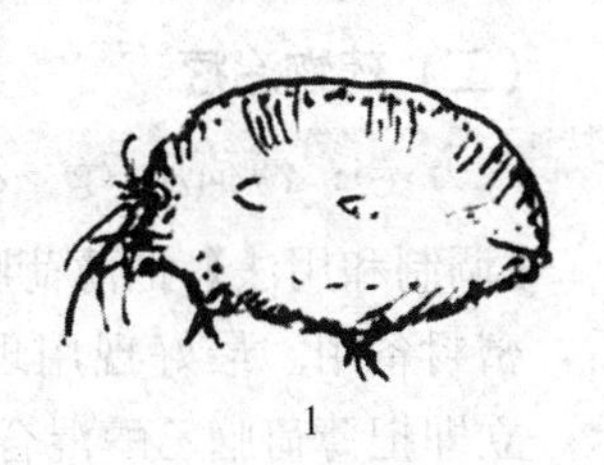

1

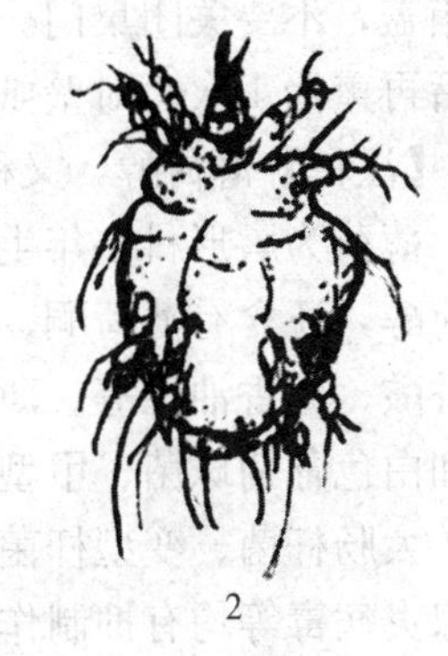

2

图 2-14　蜜蜂壁虱（气管螨）
1. 若虫　2. 成虫

二、危害和症状

雌壁虱由蜜蜂气门进入气管，与雄壁虱交配后 3～4 天开始产卵，再经过 3～6 天卵孵化成幼虫，两次蜕皮后发育为若壁虱（若虫）和成年壁虱，整个发育期为 14～15 天。雄壁虱发育期为 11～12 天。壁虱寄生在蜜蜂气管内靠吸食气管血淋巴生长发育和繁殖，为专性内寄生虫，离开蜂体 24 小时即死亡。被寄生的气管生理功能衰退，失去弹性，变褐，易破裂，或堵塞气管造成蜜蜂呼吸困难，不能飞起，前后翅错位，成 K 形，有的蜂肚大下痢，颤抖、痉挛，最后衰竭而死。群势下降变弱。

三、流行病学

壁虱（气管螨）主要侵袭工蜂、雄蜂和蜂王，蜂卵、幼虫和蜂蛹不受侵害。盗蜂、迷巢、合并蜂群等都会造成该寄生虫的传播。

四、预防与治疗

（一）预防措施

此病在国外发生普遍，因此对进口蜜蜂要严格检疫。国内如发现此病应及时隔离治疗，防止蔓延传播开来。要加强饲养管理，淘汰烧毁病群。蜂场场地应向阳、干燥、背风。早春提早进行蜜蜂排泄飞行，不要随意合并蜂群等。

（二）药物治疗

配方 73：薄荷脑 7g　乙醇（95%）5ml

【调制和用法】把薄荷脑和乙醇（浓度 95%）按比例混合均匀后，密封备用。最好现用现配。首先把棉花团或纱布条放在框梁上，立即把薄荷脑乙醇混合液滴在棉花团或纱布上，迅速盖上盖布和箱盖，不要关闭巢门。配制的两者混合液可熏治 1～2 群蜂。15 天后再熏治 1 次。对壁虱熏治效果好。

【注释】薄荷醇，又称为薄荷脑，是薄荷挥发油的主要组分。

薄荷为唇形科多年生草本植物，茎叶入药。其主要化学成分是薄荷醇，还含有薄荷酮、异薄荷酮、薄荷烯酮、莰烯、柠檬烯、迷迭香酸、兰香油烃等。薄荷具有抗菌、抗病毒等作用，煎剂对金黄色和白色葡萄球菌、甲型链球菌、乙型链球菌、卡他球菌、肠炎球菌、大肠杆菌、变型杆菌、白色念珠菌以及疱疹病毒、牛痘病毒、腮腺炎病毒等均有抑制作用。

薄荷性味辛、凉，具有发汗解热、调节微血管循环等功效。

留兰香薄荷种植少的或没有种植的地区，可以选用野生薄荷代替。

配方 74：薄荷醇治壁虱病

（德国单方）

根据德国克萨斯州昆虫学家威斯廉姆 . T. 威尔逊报道：蜂箱内放进薄荷醇晶体 8～10g，只要数小时壁虱便开始死亡，3 天后死亡率过半，3 周后全部被杀死。使蜜蜂气管畅通，呼吸正常，活动如初。此法可以一试。

【注释】薄荷（薄荷脑）注释见配方 73。

第十二节　巢　　虫

巢虫是蜡螟幼虫。蜡螟本身不侵害蜜蜂，而它的幼虫蚕食蜂巢，破坏巢脾，危害蜜蜂幼虫，使幼虫化蛹后不能封盖，呈现“白头蛹"，最后死亡，影响蜜蜂的生息和繁殖。蜡螟有大小蜡螟之分，皆为蜜蜂虫害，必须加以防治。

（一）预防措施

（1）饲养强群，保持蜂脾相称或蜂多于脾，使蜜蜂密集护脾和清脾能力增强，能有效驱逐或追杀蜡螟和其幼虫，不给蜡螟有产卵的机会。

（2）结合检查蜂群，及时清除箱底残渣蜡屑，并提出老旧巢脾，不留让巢虫滋生的地方和食物。中蜂比意蜂抵抗巢虫能力弱，巢虫大量滋生，不仅直接影响蜜蜂的繁殖生息，严重时会迫使中蜂飞逃，因此应特别注意防止中蜂箱内巢虫的滋生。

（3）安装巢虫阻隔器，防止巢虫上侵巢脾。

（4）提出来的空脾要安全保存。首先要消毒熏杀或用消毒液浸泡后，要清水冲泡1～2遍，晾干后封闭保存。也可以在空脾保存时放些萘粉和硫黄类以驱避蜡螟，不让其上脾产卵、破坏巢脾。有条件时，可以把空巢脾放进冷库，以低温杀死巢虫和其他病原体。

（5）生物防治巢虫。其一使用苏云金杆菌治疗，当巢虫食入含有苏云金杆菌后即可病斃。这种"以菌治虫"生物防治巢虫的方法值得推广应用。其二，用寄生蜂保护巢脾。自己收捕繁殖蜡螟大腿小蜂、蜡螟绒茧蜂或姬蜂等，有条件的地方可从"昆虫工厂"购买有益寄生蜂，让有益寄生蜂产卵于蜡螟卵、幼虫体上，并在孵化后吸食巢虫体液致死巢虫。

（二）中草药治疗

配方75：花椒50g（或胡椒） 茴香60g

【调制和用法】将花椒和茴香种子适当研碎，用纱布包好，放在贮存空巢脾的蜂箱内，严封箱缝，盖好盖布、箱盖，关好巢门，可使巢脾免受巢虫蚕食。保存时间长，即使蜡螟钻进也不能存活。以上两种中草药剂量，可供1～2个箱体熏杀巢虫使用，防治巢虫的效果相当好。防治过程中，不能随意开箱通风以免降低效果。

【注释】花椒和茴香种子可以自己采集晒干，也可以购买备用，防巢虫方便实用。

另外，可用楝树根皮治巢虫。用楝树根皮煎水（500g 根皮加水1 000ml），煮至剩液 600ml，加入适量米糖或锯末搅拌，撒在箱底偏后位置，用药 1 天巢虫即昏迷，12 天后死光。一季度撒一次即可，每箱撒 40～50g。对蜜蜂安全。

第十三节　蜜蜂农药中毒

在现代农业生产过程中，广泛使用各种杀虫剂、杀菌剂、除莠剂等有机合成的农药，使生态环境受到影响，使蜜蜂的食物来源——蜜源植物和水源受到污染，通过胃毒、触杀、熏蒸和内吸等途径，对蜜蜂产生毒害作用并威胁其生命。

（一）中毒症状

由于农药使用频繁，蜜蜂农药中毒事件时有发生。农药进入蜜蜂体内，严重损害其神经系统和消化系统，引起麻痹、运动失常、消化功能紊乱、拒食，脱水衰弱而死。中毒严重者立即毙命，轻者行动异变，失去采集食物和巢内哺育等能力。主要表现如下症状。

（1）初中毒蜜蜂极度不安：爬出巢门，低空飞翔，飞不远落地，打滚、转圈、乱撞、抽搐、震颤，一些蜂痉挛死亡。死亡蜜蜂吻伸出，翅上举或展开，腹部内勾。

（2）中毒蜜蜂性情暴躁，检查时易怒，有的见人畜行蛰。提脾查看时，不少蜂无力附脾，坠落箱底。严重时巢脾幼虫伸头从巢房内脱出。

（3）严重中毒可造成大批蜜蜂死亡，死亡在飞行途中或巢门周围（被蜜蜂拖出），死者和快死者散于地面。受农药危害的主要是采集蜂，不少蜂还携带着花粉团。群势越强，死亡蜜蜂越多。

（二）预防措施

（1）长远而论，积极推行和贯彻绿色植保理念和方法。在蜜粉源植物开花期严禁使用农药，非花期应使用低毒、低残留农药。尽量选用植物性农药和以生物方法防治农作物病虫害。研究对蜜蜂和蜜蜂授粉无害又能起到防治作物病虫害的新药剂，改变依赖农药防治农作物病虫害的陋习，促进农业和养蜂业双赢的绿色发展。

（2）就目前而论，采取积极措施，保护蜜蜂、保护蜜蜂授粉，尽量减轻蜜蜂农药中毒。严禁在花期前7～10天和整个花期喷洒农药时。因某种缘故，必须在花期喷洒农药，施药单位应提前3～5天通知各蜂场，以便蜂场及时采取对应措施，防止蜜蜂中毒现象的发生。蜂群是蜂农的生产资料，毒死蜜蜂应予以按价赔偿。

（3）可采取幽闭蜂群或迁移蜂场的方法避开施药场地，尤其是飞机喷施农药时，喷施面积大，对蜜蜂威胁大（不光是蜜蜂，其他野生授粉昆虫也受害），应把喷药范围内的蜂场暂时迁走或转地放蜂。

喷药面积小或农药持毒期1～2天后失效的，可以幽闭蜂群，限制蜜蜂出巢采集活动。幽闭时间根据农药不同而异。幽闭的蜂群要做好通风、供应饮水和缺食补喂饲料工作，保持黑暗、安静。不同农药蜂群幽闭时间如下：石硫合剂幽闭蜂群4～6h，波尔多液幽闭蜂群4～6h，尼古丁幽闭蜂群4～5h，除莠剂（2，4-D）幽闭蜂群4～5h，DDT粉剂幽闭蜂群1昼夜，666农药幽闭蜂群2昼夜，1605农药幽闭蜂群2昼夜，砷无机药剂幽闭蜂群3～5昼夜，氟无机药剂幽闭蜂群3～5昼夜。

（4）要按照《农药合理使用准则》和无公害食品农药使用标准的规定，合理安全使用农药，控制使用量、使用次数和使用时间。

（三）蜜蜂中毒急救

发现蜂群出现中毒症状后，应及时查出何种农药中毒，以便采取应对抢救措施，降低死亡率。摇出巢内全部含毒的蜂蜜，补充饲喂无毒蜂蜜和解毒糖浆，对摇出含毒蜂蜜的巢脾，可用2%苏打溶液浸泡10～12小时，然后用清水洗净，用摇蜜机摇出遗留水晾干后才能用。立即对蜂群饲喂稀糖水或甘草水，并饲喂解毒药物。

（1）对于1605、1059、乐果等有机磷类农药引起的中毒，可用0.05%～0.1%硫酸阿托品或0.1%～0.2%的解磷定喷脾解毒。

（2）对于有机氯等农药引起的中毒，可在250ml的蜜水里加入磺胺噻唑钠注射液3ml，或片剂1片用水溶解，搅拌均匀后喷喂中毒蜜蜂（喷脾），让蜂采食。

对于较轻的慢性中毒，有抢救时间，可选择以下中草药配方治疗，尽量降低死亡数量，挽救蜂群，恢复蜂群的正常活动，减少生产损失。

配方 76：金银花 50g　绿豆 80g　甘草 40g

【调制和用法】将甘草、绿豆放入锅内，加水1 000～1 500ml，煮沸后加入金银花，改文火煮沸 20min，过滤得滤液 800～900ml，加白糖 400g 溶解后喂蜂或喷脾。每群蜂喂 200～250ml，连喂 2～4次，可防治农药中毒，缓解中毒症状至痊愈。

【注释】绿豆性味甘、寒，能清热、消暑。本身含有蛋白质、脂肪、糖类、矿物质等丰富的营养，还含有胡萝卜素、硫胺素、核黄素、尼 g 酸等成分。

金银花和甘草注释见配方 2、1。

配方 77：金银花 180g　硫酸阿托品 3 片

【调制和用法】（1）金银花 180g，加水 800～1 000ml，加热煮 20min 得金银花液 500～600ml，喷脾用；（2）硫酸阿托品 3 片（0.3mg/片）研成粉状，用温水溶化（针剂 1 支 1mg/ml 亦可），兑入 300～400ml 糖浆内，可喂 12～15 框蜂（1～2 群蜂）。喂药物糖浆后，随即用金银花液喷脾；也可以单独用 0.05%～0.1%硫酸阿托品溶液喷脾。此配方可治疗有机磷农药中毒。

【注释】硫酸阿托品有解除痉挛、缓解和减轻麻痹症状，改善微循环，解除有机磷农药中毒的作用。

金银花注释见配方 2。

第十四节　蜜蜂植物中毒

在我国引起蜜蜂中毒的植物有茶树、枣树、油茶、雷公藤、藜芦、曼陀罗、喜树、羊踯躅等，均因蜜蜂采访而引起“食物中毒”。这里介绍常遇到的枣花中毒、茶花中毒、油茶中毒等。

（一）蜜蜂枣花中毒

又称为枣花病，发生在枣花流蜜期，可造成大批采集蜂死亡，是华北地区枣树种植密集区的一种地方性植物中毒病。蜜蜂中毒后出现身体发抖，肢体不平衡，不能飞翔，两翅平伸或竖起，跳跃，反应迟钝，腹部勾曲，在地面吃力爬行，衰竭而死。

枣花使蜜蜂中毒的原因，据分析是枣花蜜中含有较多钾离子，导致蜜蜂中毒。枣花花期天气干旱、炎热（5～6月高温），花蜜黏稠，中毒严重，死亡多。周围没有其他蜜源植物开花，则病情加重。要采取预防措施，选择蜜粉源丰富的地方放置蜂群，枣花期给蜂群遮阳，防止烈日直晒；蜂场洒水，保持地面潮湿；供应充足的饮水。每天傍晚喂给酸性糖浆，即糖浆中加0.1%柠檬酸或5%醋酸，也可用生姜水、甘草水饲喂解毒。

配方78：生姜20g　甘草20g　食盐10g

【调制和用法】生姜和甘草加水1000ml，煮沸20min，获得生姜甘草汤，然后再加入食盐，搅拌溶解后喷脾，每群喷30～40ml，两天喷1次，连喷2～3次。也可以加糖喂蜂，每群喂300～400ml，连喂3～4次。可防治枣花中毒，以及下痢病、“大肚病”。

【注释】生姜、甘草注释见配方21、1。

配方79：川贝母150g　桔梗100g　生姜100g　甘草50g

【调制和用法】四味药一起入锅，加清水3 500～4 000ml，煮沸后改文火煮20～30min，过滤得滤液2 000ml左右，加白糖配成药物糖浆喂蜂。每群每次喂300～400ml，连喂3～4次，最好在枣花花期初、中、后期各喂1～2次。必要时糖浆冷却后加入8～10片多酶片（研成粉），可以防治枣花中毒。

【注释】川贝母，又名川贝，地下鳞茎入药。化学成分有川贝碱、西贝碱、炉贝碱、青贝碱、松贝碱、平贝母碱、贝母碱苷、甲溴化贝母酮、胆碱以及植物甾醇等。具有抑菌、清热、散结、镇静等功能。

桔梗注释见配方5，生姜。注释见配方21，甘草注释见配方1。

用柠檬、米醋、食用醋、山楂水等均可以配制酸性饲料（糖浆），治疗蜜蜂孢子虫病效果好，治疗蜜蜂枣花中毒也有效果。这些酸性物质占糖浆中的浓度一般为：柠檬酸0.15%，米醋或食用醋5%，山楂水10%～15%。

（二）蜜蜂茶花中毒

我国茶树栽培面积有1 500万～2 000万亩，在南方多数地区茶树常在秋季冬初开花，花期长，流蜜期量大，蜜粉兼备，蜜蜂喜欢采访。但蜜蜂采集后，常致蜜蜂幼虫生病或死亡，使大面积、丰富的茶花蜜资源得不到充分利用，造成资源上的浪费。

试验分析认为：导致蜜蜂采集茶花中毒的原因主要是茶花中含有较高的多糖成分，还含有微量的咖啡因和皂苷类。多糖中低糖占14.2%，三糖占5.3%，四糖占8.7%等。引起蜜蜂幼虫生病、死亡，是由于多糖造成幼虫营养生理障碍，蜜蜂幼虫不能消化利用茶花蜜中的低聚糖，特别是不能利用结合的半乳糖成分。茶花中毒后主要表现幼虫大量死亡，无臭味，成年蜂无影响。另据分析报道：油茶花和茶花一样也会引起中毒，油茶蜜内含有的棉籽糖对蜜蜂有明显的毒性。棉籽糖中含有较多的半乳糖成分（油茶花蜜中半乳糖占总糖的17.2%，油茶蜜中半乳糖含量占总糖量的9.5%）。蜜蜂采食油茶花蜜后，腹部膨胀，不能飞翔，在地面吃力爬行，严重时幼虫也会中毒、腐烂死亡。

在茶花开花前和开花期间每隔数天喂些稀糖水、果汁解毒剂或酸性饲料，可缓解和减轻中毒症状。也可以用药物防治茶花病。

配方80：大黄苏打片（粉）0.1%　多酶片（粉）0.1%　乙醇（酒）0.1%　糖浆（1∶1）99.7%

【调制和用法】按以上百分比例配制成“解毒糖浆”喂蜂或喷脾，每群每次喂100～150ml，多者喂200ml左右。在茶花花期内连喂8～10次。喷脾用糖浆浓度可以降低到30%。

【注释】大黄苏打片注释见配方44。乙醇可用高浓度白酒代替。

配方 81：大黄 10g　虎杖 10g　仙鹤草 10g　南刺五加 20g　黄芩 10g　马齿苋（干）20g

【调制和用法】将六味中草药洗净沥水后，放入锅内，加 2 000～2 500ml 清水浸泡半天，加热煮沸后改文火煮 30min，锅内剩液1 400～1 600ml 时停火，过滤得药液，趁热加 700～800g 白糖溶化后喂蜂。在茶花期每群每次喂 200～300ml，3～5 天喂 1 次，连喂 8～10 次。可防治茶花中毒。

【注释】仙鹤草，又称龙芽草，全草入药。主要化学成分有仙鹤草素、仙鹤草酚、仙鹤草内酯、仙鹤草醇以及多种挥发油、维生素 C、维生素 K 等。具有抗菌、杀虫作用。它的浸液对多种致病杆菌均有抑制能力。仙鹤草性味苦、涩、平，有止血止痢、杀虫等功效。

大黄、黄芩、虎杖、南刺五加、马齿苋注释分别见配方 1、9、3、9、46。

另外，生姜 1 份，加清水 10 份，煮 30～40min，煮成姜与水为 1∶7～8 浓度的姜汤，加入少量食盐（1%），喷脾，可治疗茶花病、枣花病以及下痢病、大肚病等蜂病。用 1∶5 的大蒜糖浆喂蜂（大蒜汁与糖浆比例为 1∶5），每群喂 200～250ml，轻者喂 150ml 左右，对蜜蜂幼虫病、痢疾、蜜蜂副伤寒，均有良好的预防效果。

第三章　蜂病生物防治

蜜蜂疾病的生物防治包括中草药防治、以虫治病、以菌治菌以及蜜蜂产品和植物副产品(蜂蜜、蜂胶、植物油等)防治蜂病等内容。

中草药防治蜂病是生物防治蜂病的主要内容和重要组成部分，在本篇第一章已进行单独介绍。

第一节　以虫（昆虫）治病

利用寄生性昆虫如赤眼蜂、姬蜂、卵蜂等寄生蜂类杀灭蜜蜂蜂螨等虫害，可有效地保护蜜蜂的生存和繁殖。

赤眼蜂治螨。2004年，逯彦果、刘守礼、田自珍等试验报道，以赤眼蜂防治蜂螨效果良好。随着赤眼蜂在蜂箱里寄生世代的增加，螨卵和若螨、成螨数量逐渐减少，直至为零。从释放第一代赤眼蜂（7d）开始，螨卵、若螨就有所减少，到释放第四五代赤眼蜂（28d和35d）后，螨卵、若螨、成螨接近零，螨卵为零，若成螨仅有1～2只。不释放赤眼蜂的对照群，螨卵、若螨、成螨由开始的10、34，到49d后增加到50和85。赤眼蜂等寄生性蜂，产卵于螨卵、若螨体上以及巢虫卵、幼小巢虫体上，刺吸体液，导致它们死亡，减少了蜂螨寄生率和巢虫数量，保护了蜜蜂的繁殖，是一种免用药物防治蜂螨和巢虫的好办法。养蜂者可以从“昆虫工厂”购买寄生性蜂类，用于消灭蜂螨，也可以对自然界生存的有益寄生蜂进行保护饲养，用于灭满。

在自然界生存着不少种类的寄生性蜂类，人们可加以利用。平时尤其是秋季，合并蜂群时抽出多余的空巢脾，上面匿藏着一些螨卵或蜡螟卵，到外界条件适宜时，孵化出来会重新危害蜜蜂。因此，在空巢脾未入室保存之前，可以把空巢脾放置于通风良好、无污染、无异味的棚下或空房内暂放2～3天，招来寄生蜂上巢脾寻找寄生对象并产卵，能杀死隐藏在巢房内的螨卵、初期若螨以及蜡螟卵。作者通过试验观察证明，用此方法可杀死40%～50%空巢脾上的螨卵和蜡螟卵。经过寄生蜂"寻查"过的空巢脾，再经过药水浸泡或硫黄熏杀等消毒后，基本上消灭了螨卵、蜡螟卵和其他病原体，密闭存放比较安全。

养蜂者在管理蜂群时常常发现寄生蜂在箱内外活动，如蜡螟绒茧蜂和蜡螟洼头小蜂（徐祖荫，1986）。蜡螟洼头小蜂曾命名为蜡螟大腿小蜂（陈绍鹄，1983）。这两种寄生蜂是益虫，是蜜蜂害虫巢虫的天敌。蜡螟绒茧蜂和蜡螟洼头小蜂的幼虫均寄生于大蜡螟和小蜡螟幼虫（巢虫）体上，吸取体液为营养来源，最后蜡螟幼虫被致残或致死。这两种寄生蜂身体很小，蜡螟绒茧蜂雌蜂体长仅为（3.15±0.18）mm，雄蜂体长仅2.9mm左右：蜡螟洼头小蜂雌蜂体长为（6.34±0.32）mm，雄蜂体长为4.5mm左右（图2-15）。

寄生蜂体小、行动灵活，寻找寄生对象爬行能力强，蜂场内有益的寄生蜂数量多了，蜡螟幼虫的数量就会减少，蜜蜂受蜡螟的危害就减少。养蜂者在平时的蜂群管理中，要多保护和利用这些自然界存在的有益寄生蜂。

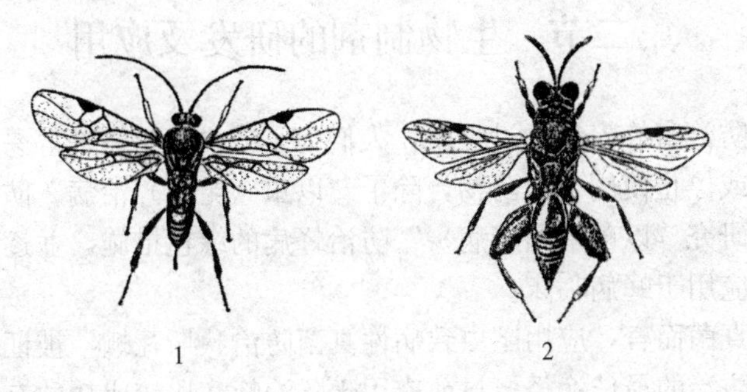

图2-15　蜡螟雌成虫（徐祖荫绘）
1. 蜡螟绒茧蜂雌虫　2. 蜡螟洼头小蜂雌虫

在自然界里存在着不少有益的种类繁多的寄生蜂（图2-16），人们可以进行收捕繁殖。目前"工厂化"生产繁殖熊蜂、壁蜂等授粉昆虫取得了很好的经济价值。研究寄生蜂如赤眼蜂、姬蜂等有益昆虫“工厂化”生产，能促进蜜蜂病虫害生物防治，有利于蜂业发展。

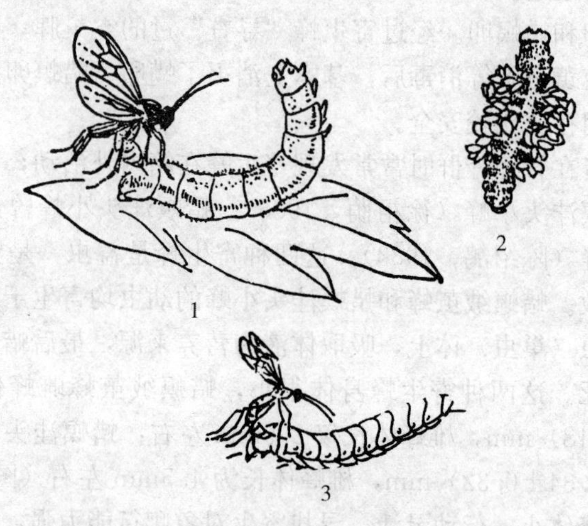

图 2-16 寄生蜂

1. 姬蜂 2. 在巢虫和其他害虫上产卵，寄生、结茧于虫体上 3. 小茧蜂

第二节 生物制剂的研发及应用

在防治蜜蜂疾病的过程中，人们为了减少化学制剂等易污染药物用量或停止使用化学药物，除了“以虫（昆虫）治病”防治蜂病外，还研究“以菌治菌（病）”防治蜂病的绿色措施，並逐渐得到推广，应用于蜂病临床。

就真菌而言，应用昆虫致病性真菌防治狄斯瓦螨，被证明是瓦螨生物防治的最佳途径。目前应用于防治蜂病比较成功的有汤普生多毛真菌（*Hirsutella thompsonii*）、金龟子绿僵菌（*Metarhizium anisopliae*）和白僵菌（*Beauveria bassiana*）。Kang 等试验表明氟胺氰菊酯组、白僵菌组和对照组，在试验 42 天后试验组蜂螨的平均数量分别降低为原来的 1/9 和 1/25，而对照租蜂螨数增加 1.3

倍，封盖幼虫房中蜂螨的数量对照组比其他两个试验组分别高出13倍和3.6倍（苏小玲等.2011）。真菌治螨方法只对暴露在蜜蜂身体上的蜂螨有效，对封盖子脾内的蜂螨无效，因此在深秋和早春无子情况下治螨效果好。

Rosalind等进行野外试验时，发现金龟子绿僵菌第一次使用时，杀螨效果与氟胺氰菊酯相似，但在随后的试验中却不能达到有效控制瓦螨的目的。可能是真菌孢子存活时间有限。以菌治螨方法多在试验研究之中，还没有广泛运用于养蜂生产，需待进一步研究，解决使用时碰到的具体问题，但还是有希望的治螨方法。

在蜂业中，以有益细菌防治蜂病和预防性蜂保医学正在兴起，它是一种全新的微生物自然疗法，不仅是蜂病防治上的绿色技术措施，而且也是蜜蜂微生态营养学的内容。比较被人们接受而应用的是EM技术，有人称它为“EM生命液”。此蜜蜂专用微生态营养制剂，迄今为止已在全国各地大约200万箱标准蜂群推广应用，均有较好效果。下面着重介绍EM技术等生物制剂。

一、EM技术

（一）EM技术的由来和功能

EM（Effective Microorganisms的缩写）技术，是日本琉球大学比嘉照夫教授研制出来的新型复合微生物菌剂，它包含多种有益菌种，是由光和细菌、革兰氏阳性放线菌、酵母菌、乳酸菌和固氮菌等5种10属80多种微生物复合培养而成的菌群合剂。这些益菌之间共生增殖，共同组成了微生态系统，构成适于蜜蜂生活的良好环境，提高其免疫力，既提供营养促进蜜蜂生长发育，又能防御疾病，具有双重功能。

EM生命液倡导“以菌制菌，未病先防”这种全新的微生物自然疗法，以益生菌为标志的预防医学正方兴未艾，这完全符合生态农业的环保要求。EM技术具有八大功能，生产应用效果明确。

1. 防治细菌病　EM液中的光合菌、乳酸菌和放线菌为原核生物，当其定植于蜜蜂胃肠道后，可以抑制同属原核生物的致病细菌、放线菌、支原体、衣原体等，从而对蜜蜂欧美幼虫腐臭病、败血病、副伤寒、痢疾等细菌类疾病显示良好的防治效果。

2. 防治真菌病 EM 液中的酵母菌和丝状菌为真核生物，对同属真核生物的致病细菌、原生动物等具有平衡和颉颃功能。当 EM 活菌在菌落中占据明显优势时，对蜜蜂白垩病、黄曲霉病、蜂王卵巢黑变病、孢子虫病、阿米巴虫病等真菌和原生动物类疾病疗效卓著。

3. 防治病毒病 EM 液不仅能增强细胞毒性 T 细胞和自然杀伤细胞的活性，抑制细胞内病毒复制，而且可以发挥先天免疫作用，通过促进原籍菌生长迅速复活免疫应答，产生针对病毒的多种抗体，从而有效防治螺原体病、囊状幼虫病、蛹病毒病、急性和慢性麻痹病等疾病，对由多种因素导致的爬蜂病综合征的疗效甚佳。

4. 防止中毒 EM 液特别添加巨大芽孢杆菌，其独有的抗逆、解毒因子不仅可以有效化解蜜蜂藜芦、乌头、曼陀罗、茶花、枣花、油茶及甘露蜜等花蜜、花粉中毒，更可以分化降解绝大多数农药及其残留。

5. 增强免疫 EM 液能刺激蜜蜂的免疫系统，促进淋巴组织产生分泌性抗体——免疫球蛋白 A（IgA），有效抵抗致病菌的入侵；同时还能激活 T 细胞的非特异性免疫功能，从而增强蜜蜂的免疫、抗病能力。

6. 补给营养 EM 液一个突出的特点是能补给营养，在有益微生物制剂体系中，各种活菌共生共荣，像个微型生物反应工厂，不断分泌合成氨基酸、蛋白质、糖类、维生素、酶和促生长因子等多种物质，可为蜜蜂提供各种丰富的营养。

7. 增产蜂产品 在蜜蜂的食物（蜂蜜、花粉）中添加 EM 液，可以提高食物的转化率，有益于蜜蜂生长。流蜜前给蜜蜂喂 EM 液，可以显著提高蜂蜜、蜂王浆等蜂产品的产量，改善品质。

8. 消除臭味 EM 液能抑制病原微生物和腐败细菌的生长，阻遏腐败过程，保持蜂箱内优良的生活环境；产生抗氧化物质，消除一些有毒有害物质；增强微生物的固氮固硫作用，减少氨气、硫化氢等臭气排放，降低巢内空气的污染（王远洋等，2008 年）。从而可以看出：EM 技术他的特点和优势，不仅可以菌治病，而且能补给营养、增强蜜蜂体质、抗病力和生产力，是很有价值的有益菌剂，应进一步研究推广。

（二）EM 饲喂蜜蜂方法

一般喂量一个生产群喂给 1～2ml 原露为宜，也可用此剂量配制成 EM 糖浆喂蜂，无病时，可用 250～500 倍稀释喂蜂，1 群喂量内含 1ml EM 原露，3 天喂 1 次。有病时，将 EM 原露稀释 50～100 倍（比无病预防浓度增加 5 倍），加糖浆喂蜂，1 群喂量内含 2～10ml 原露，2 天喂 1 次，喂 3 次后改为 3 天喂 1 次（沈育初．2001）。金汤东等（2007）喂法：取 EM 原露 1 份、白糖 1 份，加清水 10 份，装进干净瓶内摇匀，密闭放置 24h 即可用。用时，取 1∶1 浓度糖浆 50 份，再取瓶内 EM 液 1 份，混匀后直接喂蜂。2 天喂 1 次，连喂 3 次后改为 3 天喂 1 次。也可以将 EM 原露拌入花粉内喂蜂：取 EM 液 1 份，拌入 30～50 份花粉内，可喂 30～50 群蜂。

朱毅（2003）喂法：春繁开始放王 3 天后，2∶1 浓度糖浆 15kg，加进 EM 原露 150～175ml，拌匀制成 EM 糖浆喂蜂。随着饲喂次数增加，可减少 EM 用量，即 15kg 糖浆内加 EM 原露 50ml 或按 1 群蜂喂量含 1～2ml EM 原露。直至外界有了蜜粉源才停喂。

（三）EM 技术应用效果

通过各地试用说明：EM 对多种病原体有较强的抑制作用，能有效地防治由细菌、真菌、病毒等致病微生物引发的蜜蜂疾病，“以菌治菌”效果突出和独特，没有发现对蜜蜂机体有任何副作用。郑大红（2004）应用 EM，蜜蜂春繁快，比未用 EM 的蜂群繁殖快 50%左右，子脾整齐，无插花子脾，未发生爬蜂病，工蜂寿命明显延长。朱毅（2003）试用 EM 技术两年多，春繁期间和以后没有发现爬蜂病、烂子病、大肚病，蜂群增殖快，蜜蜂健康，并有效预防了夏季高温高湿易发生的欧洲幼虫腐臭病、白垩病。河南王新典报道（2009），每群每次喂含 5～10ml EM 原露的 500ml 稀糖浆，连续喂 3 次，蜂群健康，无疾病发生。

朱之秀（2007）使用 EM 研究发现：EM 浓度越高，对蜂群微孢子虫抑制作用越强，抑制率越高。25%EM 的抑制率是 5.47%，65%EM 的抑制率增加到 67.95%，而 75%EM 的抑制率达到 75.72%。金汤东等（2007）应用报道，EM 原露对蜜蜂微孢子体外“发芽”有较强的抑制作用，浓度越高抑制效果越好。早春使用 EM 原露，不仅对越冬老蜂和春季新蜂有保健作用，而且使繁殖率提高 16.07%，不会产生“药残”和“药害”。

（四）EM 作用机理

由多种有益微生物组合的 EM，从饲料或饮用水进入蜜蜂肠道，与肠道内有益菌群一起形成了优势种群，有力地抑制或杀灭了致病菌，同时能分泌和合成营养物质（氨基酸、蛋白质、维生素、各种酶类、促生长因子等），有效地增加了蜜蜂抗逆能力。

1992 年，我国从日本引进 EM 技术，其效果在农业、畜牧业和环境净化等方面得到广泛试验和验证，是生物防治疾病以菌治菌的典型例子，应继续深入研究 EM 技术在生产实践中的经验以及尚待解决的问题，使之日趋完善，让有益的微生物（菌类）复合体，通过菌种间相互共生增殖关系，构成一个微生态系统，杀伤和抑制有害菌，有效防治蜜蜂幼虫病、爬蜂病、下痢、大肚病等蜂病的发生和蔓延，并为研究蜜蜂微生态营养学提供可靠的理论基础。

二、英多格鲁肯（Endoglukin）生物制剂

据调查了解，在 EM 技术之前 20 世纪 70 年代之际，就已研发 Endoglukin 生物制剂，应用于蜜蜂急慢性麻痹病毒和其病毒病（如蜜蜂囊状幼虫病病毒），防治蜜蜂疾病。

据报道，Endoglukin 生物制剂系一种细菌核酸内切酶制剂的第二代产品。早在 1973—1984 年苏联已研制出细菌核酸内切酶，1984 年苏联兽医主管部门批准在蜂群中推广使用，但发现该制剂存在低效、溶液不稳定、核酸活力依赖于环境温度、使用不方便等缺点，进而研发出第二代产品即 Endoglukin 生物制剂型。

到了20世纪90年代，俄罗斯学者在莫斯科和新西伯利亚地区，对Endoglukin进行有关试验，用Endoglukin 5000U/群的剂量，每隔4～9天处理1次。经4次用药处理结果：处理组比空白对照组蜜蜂数量高34.8%，平均每群有8.5张蜜脾，而对照组只有4张蜜脾。另一组试验用Endoglukin饲喂3次，隔10天喂1次，与空白对照组相比，处理组不同日龄的卵虫数量增长23%，封盖子增加9%，蜂蜜产量提高96%。从1992年开始，俄罗斯在2.5万群蜜蜂中推广使用Endoglukin，结果表明，该制剂是蜜蜂急、慢性麻痹病及其他病毒的有效抗病毒制剂，预防和治疗效果均好于第一代产品——细菌核酸内切酶。

根据俄罗斯专家观察，蜜蜂病毒病的特点是每年复发。因此感染病毒的蜂场必须长期使用该制剂，其使用效果一年比一年好。如第一年使用5次，第二年只在春季使用2～3次，秋季使用1次即可。1996年，俄罗斯兽医主管部门根据生物化学试验及蜂场生物防治试验取得的结果，批准了Endoglukin用作抗病毒制剂和蜂群繁育的刺激剂。Endoglukin很有希望成为治疗中蜂囊状幼虫病的有效生物制剂（徐祖荫.2015）。

我国国内尚未见到研究生物制剂Endoglukin等防治蜜蜂疾病的报道，应努力加强这方面的研究。

第四章　蜂螨综合防治

第一节　用植物产品和次产品治螨（病）

一、用香精油治螨

香精油是植物生长过程中产生的副产品，其中的一种组分是百里酚。实验室试验和生产应用证实，香精油和其组分百里酚都具有显著的抑螨效果，其杀螨率超过 90%左右，对蜜蜂危害甚微，长期使用后蜜蜂中残留量极低，可以用作抗螨剂。

香精油的主要化学成分是萜烯和苯丙烷，其中萜烯类占 90%以上。而单用它的组分百里酚，则表现出高效的抑螨率。Mikijak 测试了百里酚在蜂群中的抑螨活性：每框蜂使用 0.25g 百里酚，蜂螨死亡率可达 55%。Marchetti 将百里酚粉末放入纱布袋内，悬挂在子脾之间，意大利、西班牙等使用证实：平均抑螨率从 66%～98%。意大利使用的抑螨剂（百里酚 76%、桉油醇 16.4%、薄荷醇 3.8%、樟脑 3.8%）放入有孔的瓷片内，抑螨率达到 90%以上（胡福良 . 2005），完全可以代替其他抗螨药剂（片）。

二、用薄荷蜜治螨

20 世纪 80 年代，我国许多地区大面积栽植药用和芳香植物留兰香薄荷，在组织蜂群采集薄荷蜜时，发现箱底不断有死去的落螨，治使蜂群内大蜂螨的寄生率有所下降。蜜蜂采薄荷花蜜进巢能击致死蜂螨，酿制出来的薄荷蜜治螨效果又如何呢？受到这一现象的启发，李位三于 1983—1984 年和 1995 年进行三年的试验研究：用薄荷蜜喂蜂治螨效果良好，接近或相当于当时用敌螨熏烟剂治蜂螨的效果，并且落螨数与喂薄荷蜜量成正比。

每个生产群喂薄荷蜜 500ml，5 群蜂平均每群每日落螨数是喂正常糖浆落螨数的近 9 倍（22 只/2.5 只）；喂薄荷蜜量增加到 1 500ml时，落螨数是后者的 19.1 倍（38.2 只/2 只）；喂薄荷蜜量增加到 2 000ml，落螨数是后者的 22.4 倍（50.4 只/2.25 只）。此试验喂蜜量大，可以结合奖饲或补饲进行，能获得治螨和促进繁殖的双重效果。

饲喂薄荷蜜治螨效果与敌螨熏烟剂治螨相比，要好得多：1995 年对 5 群试验群，分别饲喂 500ml、1 500ml 和 2 000ml 薄荷蜜，巢门前 5 天共收集死螨 941 只，平均每天 188 只。饲喂 500ml 薄荷蜜落螨效果基本上和敌螨烟熏剂落蜂螨效果相同；饲喂量增至 1 500ml时落螨效果超过敌螨烟熏剂的落螨效果，但落螨的速度比较缓慢些。

薄荷蜜能治螨的机理与它的特殊气味和含有丰富的挥发油等成分直接相关。

（1）薄荷植株和薄荷蜜含有大量的薄荷醇（薄荷脑）、薄荷酮、薄荷烯酮、崁烯、柠檬烯、兰香油烃、乙酸薄荷酯类等挥发物质，以及薄荷糖苷、异端叶灵、木樨素、7-葡萄糖苷等重要的黄酮类有机成分，通过蜜蜂采集花蜜酿制成蜂蜜的“加工”过程，使其有效成分大大浓集（富集作用），具有较强的薄荷气味和药理功能，对蜂螨击落力增强。

（2）薄荷蜜中的主要成分薄荷醇、薄荷酮等，具有局部刺激作用。外用能刺激表皮和黏膜的神经末梢感受器，使蜂螨外围神经末端处于暂时麻痹状态，从而降低蜂螨足端吸盘的附着力，使其脱离蜂体而坠落箱底死亡。另外，薄荷蜜内的黄酮类、萜烯类等具有一定的抑制和驱虫功能。三是，有人认为薄荷茎叶和薄荷蜜有强烈的特殊气味，本身对蜂螨就有熏蒸作用，再加上蜜蜂受到刺激后应激反应和骚动不安，迫使蜂螨紧张而脱离蜂体。用新鲜的薄荷植株，略加揉搓放入蜂箱内，对蜂螨有刺激作用而落螨，可能也是这个道理。

在薄荷栽培地区能取到薄荷蜜或买到薄荷蜜，喂蜂补充饲料

（尤其是越冬饲料和早春繁殖饲料）结合治螨是可行的双盈举措。作者认为用薄荷蜜虽不能根除螨害，但能抑制蜂螨、降低寄生率，将使蜂螨遏制在一定限度内。另外，还能补充营养，促进蜂群繁殖，壮大群势。

三、用麦卢卡蜂蜜治病

另外，新西兰种植的麦卢卡树（*Leptospermam scoparium*）花期能分泌花蜜，经蜜蜂采集酿制成麦卢卡蜂蜜，在世界贸易中很畅销。因为该蜂蜜内含有甲基乙二酫等抗菌性很强的活性物质，含量38～761mg/kg，是普通蜂蜜的100多倍。这种含高浓度抗菌活性物质的蜂蜜，被称为“医疗级蜂蜜”（张言政、胡福良，2015），在医疗上具有较高的药用价值。

麦卢卡蜂蜜含有的特殊抗菌活性物质应用于蜜蜂疾病的防治，像薄荷蜜一样也会取得较理想的疗效，尤其是对细菌引发的蜂病会产生明显的防治效果，既能防治疾病，又能增加营养，保障蜜蜂的健康和繁殖。虽然麦卢卡蜂蜜在防治蜂病方面还应用不多，但可以看出用医疗蜂蜜（如薄荷蜜、麦卢卡蜜）防治蜂病是我们进行绿色防治研究的一部分，有预防和治疗蜂病的前景。

四、食用油和酯类治螨（病）

下面介绍两种油酯类治螨（病）方法，调制较费时，但经济实惠、效果好、无污染，养蜂者可以选用。

1. 食用油防治蜂螨 用食用油防治蜂螨，是绿色环保防治螨害的好方法“（马仁公.2006）”。调制方法：取色拉油500g、蜂蜡100g、蜂蜜200g为配制原料。先将蜂蜡加热融化，然后加入色拉油和蜂蜜，充分搅拌均匀使成为膏状乳油，用20cm×1cm的长布条，上面均匀地涂上一层膏状乳油。单王群用1条，双王群用2条，横放在框梁上。如布条表面膏状乳油没有了，可换新的沾满乳油的布条，一直到秋繁结束，没有发生过螨害。越冬幼蜂全出房后停止使用。

2. 食用级矿物油治螨　食用级矿物油又称为食用液体石蜡，无色、无味、无臭、无污染，不伤蜂，四季皆可用，能有效地防治大蜂螨，为“安全、有效、无污染防治蜂螨的杀螨剂”（黄文诚，2003）．

调制和使用方法：①制成喷雾剂喷施。罗德里格兹博士（美国）使用丙烷喷雾器，将矿物油和高压丙烷装入小耐压罐内，喷出细雾治螨，根据群势和蜂螨寄生率，每1～3周在巢门前向蜜蜂群内喷雾5s（秒）、继箱群喷8s（秒），也可以开后箱盖向巢内喷雾。在冬末和早春不宜使用。②制备矿物油棉绳。配方：1L（升）食用矿物油（密度0.8～0.86kg/L）、0.5L蜂蜜、0.5L蜂蜡、90根（8mm×40cm）棉绳。双重锅间接加热，将矿物油加热后，加入蜂蜡搅拌，融化后离火，再加入蜂蜜拌匀，浸入棉绳，棉绳放凉即可使用。用量：平箱放2条，继箱放3条于框梁上。放置两周取出再浸制重复使用。油棉绳要现制现用，矿物油加热时注意防火和烫伤。

以上两种防治蜂螨的方法，可以试用，其防治蜂螨的机理有待研究和探讨。

第二节　用雄蜂脾诱螨和蜜蜂种间不同生物学治螨

一、利用雄蜂脾诱杀蜂螨

雄蜂幼虫在生长发育期内能释放出一种气味激素，对蜂螨起到引诱作用。Hanel研究指出：雄蜂幼虫的血淋巴中保幼激素水平高和较长的封盖子期是蜂螨乐于在雄蜂房繁殖的原因。再加上雄蜂房比工蜂房大，又多在巢脾的边缘处，雌蜂螨喜欢到雄蜂房内匿藏隐居产卵。雄蜂幼虫（蛹可释放出比工蜂幼虫（蛹）更多的种间激素物质，对蜜蜂和蜂螨均起有吸引作用（Le Conte等，1989），该种间激素的化学成分是脂肪酸酯，其中以十六烷酸甲酯对蜂螨吸引力最强（Southwick，1990）。由于种间激素对蜂螨可起到较好的引诱作用，科学家提出用脂肪酸酯如十六烷酸甲酯，全年在蜂箱内诱扑大蜂螨的设想。

在繁殖期间人们可以放1～2张雄蜂房巢脾或有较多雄蜂房的普通空巢脾于蜂箱内，让蜂王上脾产未受精卵孵化成雄蜂幼虫，引诱雌蜂螨潜入产卵。待雄蜂脾上蜂房封盖后，提出割去雄蜂房盖把雄蜂蛹连同蜂螨分离出，消灭蜂螨。

利用雄蜂脾诱杀蜂螨，虽不能彻底清除蜂螨，但可以降低蜂螨数量和寄生率，也可以和其他杀螨剂配合使用，治螨效果较好。

利用雄蜂脾诱杀蜂螨，可以和雄蜂蛹生产结合起来，既降低蜂螨密度又可生产雄蜂蛹，一举两得。

安徽省宣城市九州蜂业有限责任公司，大力支持蜂农开展雄蜂蛹生产活动，取得很好的经济效益，同时把生产雄蜂蛹和治螨结合起来（李位三，2005）。参加雄蜂蛹生产的208户共计有蜜蜂10 000多群，约占宣州市蜂群的一半。2000年前主要生产蜂蜜、蜂王浆、蜂花粉三大产品，以及少量的蜂胶、蜂蜡，年群产值一般为300～400元，而雄蜂蛹生产则是个空白。为了增加蜂农收入，该公司决定生产雄蜂蛹，开展宣传、培训活动，进行生产投资，为有困难的蜂农购买冰柜，生产雄蜂巢脾供应蜂农，并和蜂农签订产销合同，优质优价收购，进行雄蜂蛹批量生产。2002年生产出雄蜂蛹8t，2003年猛增到28t，2004年生产24t，全部合格出口，公司取得了很好的经济效益，蜂农得到实惠，仅此一项收入就为蜂农增收100万元左右，平均每群生产效益提高了40%～50%，有一些农户收入增加了1倍。

以上事实告诉我们：生产雄蜂蛹不仅增加了蜂农的经济效益，结合治螨抑制了蜂螨繁殖，降低了蜂螨寄生率。蜂农反应蜂螨明显减少，生产几批雄蜂蛹后，只能找到少量蜂螨，并可以延缓和防止“分蜂热”的出现。生产雄蜂蛹和治螨相结合的技术值得推广。

二、中西蜂暂时混养治螨

用两个蜂种的蜜蜂暂居一巢清除蜂螨的试验报道较多，其主要是利用中蜂有较强的清脾清螨能力，帮助清螨能力较弱的意大利蜜蜂等西方蜂种清理蜂螨，以有效地降低蜂巢内蜂螨的寄生率。2010年江西农业大学学报登载了何旭江、汪志平、陈利华等《中蜂与意蜂营养杂交对意蜂抗螨性及卫生行为能力的影响》的论文，文中介绍刘益波、曾志将等研究发现，利用中蜂与意蜂合群饲养，可以提高蜂群的抗螨力。2015年云南农业大学东方蜜蜂研究所刘意秋等在《中西蜂混合蜂群的组成及治螨应用研究》的论文介绍：采用在西方蜜蜂群内加入中蜂封盖子脾的方法（1群内加1框子脾），利用中蜂具有很强的清理蜂螨能力的特点，提高了西方蜜蜂群（意蜂）的抗螨能力，减少了治螨用药。

试验数据表明：未加入中蜂封盖子脾的西方蜜蜂，比加入中蜂封盖子脾的西方蜜蜂中蜂螨幼虫多175％（刘意秋.2015）。这充分说明，加入中蜂封盖子脾的西方蜜蜂蜂群蜂螨数显著下降。中西两种蜜蜂混养降低蜂螨寄生率，是生物防治的有效方法之一。这种方法不增加开支，不带来污染，不产生“药残”，利用中蜂清螨能力比西蜂（意蜂）强的特点，达到抑制蜂螨繁殖、降低蜂螨在蜂巢内的寄生密度。但它的基本条件是一个蜂场内或相邻的蜂场内必须要有中蜂和西蜂（意蜂）两个不同的蜂种，这才能便于操作和观察效果，也不带来蜂病的传播。

第三节　用物理方法治螨

物理方法应用于治螨，和生物治螨一样，同样是不产生污染、不发生药害和不导致蜂螨产生抗药性的绿色防治蜂病的技术。中国农业科学院蜜蜂研究所叶群青在《不用化学杀螨剂防治蜂螨的研究进展》论文中，介绍了物理方法在治螨中的应用，具有实用价值，值得养蜂者参考和研究应用。

一、热处理治螨法

热处理治螨法最早是前苏联赫鲁斯托夫（1978年）提出来的，

现在已被养蜂界所接受和应用。它被认为是最有效的治螨方法之一，用于群势较弱的蜂群治螨率高达100%（KomNccap. 1984）。此法的不便在于需专门的加热设备、一定的技术要求和脱蜂处理。

热处理治螨技术要求：处理所需时间和温度一般为47℃维持12min或46℃维持18min，并要求治螨时容器内的温差不超过1℃。在热处理过程中，较强的蜂群会结团影响治螨效力。Hoppe等（1989）在治螨时加入一些植物香精油，可增加杀螨力和防止蜜蜂结团。用此方法对蜂群热处理两次，治螨效果平均可达到93%（90%～95%）。Posern（1988）利用阳光为热源，蜂箱为加热容器，大大地简化了操作的设备，便于掌握。实际移中最好先用一群试治，取得经验后扩大治螨范围。

热处理治螨的具体做法是：首先要了解治螨期间天气变化，若某天气温高于27℃（80°F），便在头天晚上关闭蜂箱巢门，并在蜂箱通风孔插入一根较长的温度计封严孔隙。第二天蜂箱内温度随气温上升而升高。要特别注意蜂箱内的温度和控温时间：蜂箱内温度达到42～43℃（107～111°F）时，保持该温度20～24min。千万不要超过这个温度和时间，以免闷死蜜蜂。

据报道，热处理治螨法不仅能杀死蜂体上的蜂螨，还可以杀死封盖巢房内的蜂螨。因为蜂螨耐不过42～43℃的温热而死亡。

二、水处理治螨法

用水治螨的原理：蜜蜂体内有不少的气囊和气管，存有气体，将蜜蜂浸入水中能较长时间（不超过半小时）不会死亡，而蜂螨在水中则很快窒息毙命。

用水治螨操作方法：在春季蜜蜂飞翔排泄后，选择风和日丽的温暖天气将带蜂巢脾提进由纱网制成的箱内，直接将此箱浸入水温15～25℃的水槽里，保持20min。此时不停振动、转动、上下抖动防止蜜蜂结团。然后提出水面10～15s，并用喷壶冲刷死去的和侥幸未死的蜂螨。处理完毕取出巢脾，晾干蜜蜂即可。用此法处理的蜂群一直到秋季仍可以认为是健康蜂群（ннкопенко，1987）。

我国养蜂者用水处理治螨使用不普遍。于春末秋初小蜂螨危害严重时治螨效果最佳，方法也很简便，只需关闭巢门、去掉盖布，直接把带蜂的蜂箱徐徐浸入水中，维持20min。处理结束后，将蜂箱放回原处，打开巢门。处理后3～10天内抽出蜂箱内多余巢脾即可（梁山，1990）。水处理治螨，同样应掌握浸没水中的时间，不能浸没时间过长，蜂箱出水后放回原处，立刻打开巢门通风、晾晒，让蜜蜂尽早恢复正常活动。

三、粉末治螨法

粉末治螨原理：此法主要治疗蜂体上的寄生螨（大蜂螨）。蜂螨能寄生在工蜂体壁上，主要依靠蜂螨足端吸盘表面的吸着力，附着于蜂体上。粉末可黏附于蜂螨吸盘表面，致使蜂螨失去吸附蜂体的能力和附着的稳定性，从蜂体上掉落下来饿死（Ramirez，1989）。

任何干粉末均可以作为治螨用“药物”，如葡萄糖粉、蔗糖粉、淀粉、花粉、松叶粉、石灰粉、硫黄粉等，直接撒入箱内防治大蜂螨，治螨效果一般在85%以上。施用粉末14h后统计：除螨率葡萄糖粉末100%、花粉代用品粉末97%、松针叶粉末95%、花粉末87%。一般用粉末4～6次，每次间隔4～7天，即可达到降低成螨寄生率，甚至全部清除（Ramirez，1989）。Fakhimzadeh试验用糖粉清除蜂体身上寄生的大蜂螨，有效率达90%以上，从而控制蜂螨寄生率在低水平。

印度防治大蜂螨只用面粉。每群用面粉10～15g，洒入蜂路，每周一次，喷洒4次，便可取得相当好的效果（Shah等，1988）。我国也有人用粉末治螨，在春季或夏初，每10框蜂用玉米粉或面粉150g，升华硫3g混合喷洒，防治小蜂螨；秋后断子期每10框蜂用玉米粉150g，烟叶末3g混匀后撒入，使每只蜜蜂身上均被有一层白粉末，可达到较彻底的治螨效果（张华亭，1990）。此法用于蜜蜂断子期防治蜂螨效果最好。

作者（2003—2004）曾多次用葡萄糖粉、小麦粉进行治螨试验，没有收到理想的治螨效果，落螨率很低，基层养蜂者也反应治螨效果不好。究其原因，可能是两个方面，一是粉末不够细，达不到 5μm 以下的颗粒程度。治螨粉末越细效果越好，治螨效率也就越高。二是用粉量不够，撒的粉末少，黏附蜂螨足端吸盘的机会少。撒粉量达到每只蜂体被有一层粉末，落螨率会提高。养蜂者可以反复多次使用，找出粉末治螨的具体方法（施用时间、粉末细度、粉末用量等）。国外不少养蜂者，他们均进行重复试用研究，取得良好的治螨效果。

粉末治螨是一种绿色防治蜂螨的措施，不会有任何污染，方法简单，取材易得，用葡萄糖、蔗糖、淀粉等作粉末，还可以增加蜜蜂饲料，没有副作用，养蜂者可深入研究使用。

主要参考文献

冯峰，魏华珍，2000. 蜜蜂病虫害防治 [M]. 金盾出版社.

龚凫羌，2008. 论中锋“烂子病”的发生机理与防治（一） [J]. 蜜蜂杂志（3）：30-31.

郭芳彬，1991. 中草药在蜂病防治中的应用（一）[J]. 蜜蜂杂志（4）：26-27

郭兰忠，1999. 现代实用中药学 [M]. 人民卫生出版社.

杭柏林，2008. EM在蜜蜂养殖上的应用 [J]. 中国蜂业（12）：28-29.

贺志光，1989. 中药学（第三版）[M]. 人民卫生出版社.

胡福良，2005. 香精油在蜂群抗螨中的应用 [J]. 蜜蜂杂志（1）：9.

黄泰康，1994. 常用中药成分与药理手册 [M]. 中国医药科学出版社.

黄文诚，2009. 防治蜜蜂微孢子虫病的药剂 [J]. 蜜蜂杂志（12）：22-25.

金汤东，2007. 结合春繁规律，采用EM技术综合防治蜂群疾病. 蜜蜂杂志（12）：23-24.

李位三，1985. 益农动物 [M]. 科学普及出版社.

李位三，安徽蜂业学会，2004. 中药防治蜂病配方选编（内部印发）.

李位三，1991. 中华蜜蜂群体数量缩减及其原因的探讨 [J]. 生物学杂志（5）：50-53.

李位三，1995. 温度对蜜蜂群体越冬生命活动的影响 [J]. 生物学杂志（2）：61-63.

李位三，2008. 蜜蜂白垩病发病特点及其防治 [J]. 中国蜂业（1）：28.

李位三，2010. 我国蜜蜂多病根源及解决措施 [J]. 中国蜂业（2）：30-31.

李位三，2010. 综合管理，防病止污，走绿色养蜂之路 [J]. 蜜蜂杂志（10）：20-22.

李位三，2011. 薄荷蜜治螨初步试验和效果分析 [J]. 蜜蜂杂志（12）：37-39.

李位三，2011. 生物防治蜂病的研究动态 [J]. 中国蜂业（2）：18-20.

李位三，2012. 延长蜜蜂寿命的理论和实践 [J]. 蜜蜂杂志（8）：9-12.

李位三，2013. 对“一些国家蜜蜂少生病问题”的探讨 [J]. 蜜蜂杂志（6）：28-30.

李位三，2015. 论影响蜜蜂安全越冬的要素与管理措施［J］. 蜜蜂杂志（1）：14-16.

李位三，2016“以糖代蜜”作蜜蜂越冬饲料利少、弊多［J］. 蜜蜂杂志（11）：22-24.

李位三等，2008. 中草药制剂“蜂幼康”防治蜂病效果及其机理研究［J］. 蜜蜂杂志（10）：5-6.

李位三等，2009. 蜜蜂变形虫病发生特点和致死机理研究［J］. 蜜蜂杂志（1）：13-14.

李祥旭，2016. 蜜蜂生长发育的营养需求［J］. 蜜蜂杂志（4）：19-22.

李旭涛，2008. 防治蜜蜂疾病给药基本方法及技术要点［J］. 蜜蜂杂志（3）：33-35.

李旭涛，王鹏涛，2003. 中草药在养蜂业中的应用现状及展望［J］. 中国养蜂（1）：31-32.

李旭涛等，2009. 蜜蜂微生态营养学的建立与应用［J］. 中国蜂业（3）：28-29.

刘意秋等，2015. 中西蜂混合蜂群的组成及治螨应用研究［J］. 蜜蜂杂志（1）：8-9.

刘志明，1989. 中医学［M］. 燕京函授医学院.

逯彦果，2004. 赤眼蜂（Trichogrzmmz）防治蜂螨的效果初试［J］. 蜜蜂杂志（12）：8-9.

马仁公，2006. 一种绿色环保防治螨害的好方法［J］. 中国养蜂（8）：22.

宋延明，2007. 国外非化学农药防治蜂螨的研究进展［J］. 蜜蜂杂志（6）：29-32.

苏晓玲等，2011. 狄斯瓦螨生物学及生物防治研究进展［J］. 蜜蜂杂志（5）：5-7.

孙文燕，张硕峰，2013. 中药药理学［M］. 中国医药科技出版社.

徐祖荫，2015. 中蜂饲养实战宝典［M］. 中国农业出版社.

阎继业，2001. 畜禽药物手册［M］. 金盾出版社.

叶群青，1991. 不用化学杀螨剂防治蜂螨的研究进展［J］. 中国养蜂（1）：20-23.

云南农业科学院. 蜜蜂杂志. 1980—2016 年期刊.

郑火青等，2016. 从越冬期蜜蜂死亡谈蜜蜂健康养殖［J］. 蜜蜂杂志（4）：12-15.

中国农业科学院蜜蜂研究所中国蜂业（原名中国养蜂）1981—2003 年期刊 .
朱金明，2007. 试论向中草药防治蜜蜂病害的深度和广度发展 [J]. 蜜蜂杂志（1）：30-31.

后　记

作者从事蜂学教学、科学研究和蜂业生产技术指导工作近60年，经历和见证了我国蜂业的迅速发展过程。我国蜂群数量和蜂产品种类、产量均居世界第一，养蜂技术水平有了显著提高，蜂学研究得到新突破，蜜蜂授粉技术正在兴起，开始呈现出由养蜂大国向养蜂强国的转变。为了加快这种转变，必须下大力气促进我国蜂业绿色发展，最关键的问题也是首要问题是“未病先防”，加强蜂群健康研究和管理，使蜜蜂少生病、不生病，健康地生息和繁衍。首先必须树立现代养蜂的新理念，从管理入手预防疾病，改变对药物防治的依赖等；必须进一步提高我国蜂业低碳绿色发展水平，打牢绿色发展的基础；必须迅速改变现行的生产模式，由蜂农生产稀蜜、企业加工“浓缩”转向生产自然成熟蜜模式上来，促进绿色发展，提升经济效益；必须把繁蜂与蜜蜂延寿结合起来，养强群、善待蜜蜂，给蜜蜂提供足量全面的营养，保持蜂群健康，从深层次增强蜂业发展的内在动力；必须加强蜜蜂健康管理研究，建立绿色蜂保体系，这是蜂业发展的重要保障，以缩小我国养蜂业在蜂群健康管理方面与国外的差距。

本书重点介绍保证蜂业绿色发展的第二个问题，即蜂病绿色防治。大加推进蜂病的生物防治，积极推广中草药在蜂病治疗“临床”上的应用，以中药代替西药，以发挥中草药在蜂病治疗上的优势和医疗价值。

实践出真知。在这里特别强调的是，养蜂者在使用本书介绍的蜂病防治方法时，要采取研究的态度，仔细观察效果，分析和总结在临床治疗中发生的问题，及时加以纠正，随时调整防治方案。特别是生物防治蜂病部分，其研究还刚刚开始，有的还在探索，有些方法可能还不成熟。但生物防治蜂病是蜂业绿色发展重要的研究方向，必须强化，真正做到和实现以防为主、防重于治，深化以壮群强蜂和生物防治为基础的健康管理和绿色治疗，逐步取代产生污染、产生药残、产生药害的化学制剂治疗，努力实现我国蜂业健康、绿色发展，这是编著此专著的目的。

中草药制剂试验与推广

1.研制中草药制剂防治蜂病　笔者及其团队经过反复筛选、科学配方和生产试用，研制出的中草药制剂“蜂幼康颗粒冲剂”，对患有美幼病、欧幼病、爬蜂病、蜜蜂囊状幼虫病等38个蜂场914群蜜蜂进行治疗，平均有效率为99.23%，其中治愈率达76.69%，效果显著。把中草药制成颗粒剂，粉剂等剂型，携带和保存、使用方便，可克服饲用中草药较麻烦的缺点。

用中草药制剂“蜂幼康颗粒冲剂”试验对比，取得大量数据，证明中草药制剂防治蜂病的有效性。

试验组（喂药物糖浆组）

对照组（喂糖浆组）

（实验地址：安徽科技学院教学实验蜂场）

研制出的“蜂幼康颗粒冲剂”(塑料袋简装)

作者在观察用药后的蜜蜂反应，以作为调整“配方”的依据（2003）。

2.宣传、推广应用于生产 接受“蜂幼康颗粒冲剂”防治蜂病的蜂场38个，均反映疗效显著，无药物残留，无污等。

安徽淮北平原李丙书蜂场

皖南山区繁昌农民蜂场

接受“蜂幼康颗粒冲剂”防治蜂病的养蜂大户陈涛蜂场

解答蜂农提出的生产问题和中草药防治蜂病有关事项

作者于2002年8月24～25日参与省蜂业学会科技下乡宣讲团，在展板前向农民宣传养蜂致富和蜂病中药防治，禁止使用化学药剂。

为了推广蜂产品安全和标准化生产技术，共举办培训班18次，接受培训人员1 500多人（2003—2004）把无污染、绿色防治蜂病列为重要内容大力推广。

2003年12月22日由安徽天新蜂产品有限公司承办的安徽省蜂产品安全与标准化生产技术培训班在庐江县举办。省蜂业学会副理事长兼秘书长张启明、常务理事丁兵到会讲话，李位三教授讲课，讲述蜂病绿色防治和中草药制剂的使用方法。

为了提高培训质量，李位三主笔编印《防治蜂病配方选编》（中药）和《蜂产品安全与标准化生产技术》发给蜂农。有力地推动了安徽省蜂业绿色生产。